不是路到了尽头，

Bushi Lu Dao le Jintou

而是
你该 转弯 了

Zhuanwan

娄林 著

中国财富出版社

图书在版编目(CIP)数据

不是路到了尽头,而是你该转弯了 / 娄林著.—北京:中国财富出版社,2018.7
ISBN 978-7-5047-6689-2

Ⅰ.①不… Ⅱ.①娄… Ⅲ.①人生哲学–通俗读物 Ⅳ.①B821-49

中国版本图书馆CIP数据核字(2018)第 132217 号

策划编辑	郝婧婕	**责任编辑**	齐惠民　郝婧婕		
责任印制	梁　凡	**责任校对**	孙会香　张营营	**责任发行**	张红燕

出版发行	中国财富出版社	
社　　址	北京市丰台区南四环西路 188 号 5 区 20 楼　　邮政编码　100070	
电　　话	010-52227588 转 2048/2028(发行部)　010-52227588 转 321(总编室)	
	010-68589540(读者服务部)　　　　　010-52227588 转 305(质检部)	
网　　址	http://www.cfpress.com.cn	
经　　销	新华书店	
印　　刷	北京柯蓝博泰印务有限公司	
书　　号	ISBN 978-7-5047-6689-2/B·0541	
开　　本	710mm×1000mm　1/16	**版　次** 2018 年 9 月第 1 版
印　　张	14	**印　次** 2018 年 9 月第 1 次印刷
字　　数	169 千字	**定　价** 39.80 元

1

1995年5月，正当克里斯托弗·里夫凭借《超人》这部电影，在好莱坞红极一时时，一场突如其来的横祸改变了他的人生。

原来，在一场激烈的马术比赛中，里夫意外坠落马下，顿时眼前一片黑暗，转眼之间，这位世人心目中"超人"和"硬汉"形象的化身，从此成了一个永远只能固定在轮椅上的高位截瘫者。

他从昏迷中苏醒过来后，对家人说出的第一句话是："让我早日解脱吧。"

为了平息里夫肉体和精神的伤痛，家人推着轮椅上的他外出旅行。

有一次，小车正穿行在落基山脉蜿蜒曲折的盘山公路上。里夫静静地望着窗外，发现每当车子即将行驶到无路的关头，路边都会出现一块交通指示牌："前方转弯！"或"注意！急转弯"。而拐过每一道弯之后，前方照样又会豁然开朗。

山路弯弯，峰回路转，"前方转弯"几个大字一次次地冲击着他的眼球，也渐渐叩醒了他的心扉。

他恍然大悟，冲着妻子大喊一声："我要回去，我还有路要走。"

从此，他以轮椅代步，当起了导演。他作为首席导演执导的影片荣获了金球奖。他还用牙关紧咬着笔，开始了艰难的写作，他的第一部书《依然是我》一问世，就进入了畅销书的排行榜。与此同时，他还创立了一所瘫痪病人教育资源中心，并当选为全身瘫痪协会理事长。

他回顾自己的心路历程时说："以前，我一直以为自己只能做一位演员，没想到今生我还能做导演、当作家，并成了一名慈善大使。原来，不幸降临的时候，并不是路已到了尽头，而是在提醒你，'你该转弯了。'"

2

是的，人生最重要的不是路平不平，而是你行不行。不是路的位置对不对，而是你所朝的方向和角度对不对。

在人生的长河里，每个人都会被迫面对一些无法选择、亦不愿见到的现实，但生活就是这样强加给了我们。比如故乡、家庭和生活时代的影响，又如相貌、性格、智力、才能的差异，还有各种突如其来的意外。这些不可避免地存在于人生中，而自己却往往无法控制、无法掌控。

此外，我们还要面临疾病、经济风险、衰老以及死亡。这就是人的"命运"——命好命坏，是无法选择的，但是这并不代表我们就无须作为。

我们无法选择人生，但可以改变看待人生的角度——学会转个弯吧。

转个弯，并不意味着放弃寻求发展、不努力改变现有状况，或是绕过明显的障碍，而是可以换种心态，用正面的能量，去弥补身体上的缺陷或修补精神上的创伤，并将其转化为帮助我们成功的利器。我们还可以换种方式，懂得接受不可避免的现实，并在此基础上将其改造为理想的现实。

转个弯，我们可以不必为接受不可抗拒的存在和无法改变的事实而感到无奈。而是可以在接受现状和改变存在事物之间，找到一种平衡。

3

生命不断成长，我们都在慢慢长大，人生中的每个阶段都有新的认识、见解、经验和智慧，需要我们理解其中深邃的意义。不要再抱怨生活的枯燥，选择在自己手中。换一种方式思考人生，将会发现一个全新的世界。

本书从全新的角度阐释生活的智慧，包括生存、生活、处世、心态、名利、关系、幸福、得失、成功……它们将激发你对人生的思考，换一种方式思考那些简单的道理，你会发现不一样的人生——不是路已走到了尽头，而是你该转弯了！

目 录

第 一 章

不是路平不平，而是你行不行

混迹江湖，各有各的法宝和利器，不见得谁就比谁厉害。所以要正确认识自己，学会反思，眼光长远地看待问题，即使你觉得自己在某些方面高于常人，但是也要想想在其他方面是不是也有不足，缺乏自我欣赏的意识和过于高看自己都是不足取的。

要么选择出类拔萃，要么被迫遗憾后悔

事实上无论从哪条路走，我们都可以走很远，关键是到底要到哪里去？有句话说得很好："没有方向，什么风都不是顺风。"

1

从入校的那天起，S就立下了到美国留学的志向，并且非名校不可。

大学4年，在大多数人都整日浑浑噩噩、无所事事的环境中，S拼命苦读，成绩始终保持系内前三，各项考试按部就班、有条不紊地进行。在专业领域学习的空当，她积极参加各种学生会活动、义务活动，拜访知名教授，打好关系，为日后的推荐信做准备。

大学毕业的时候，S顺利收到哥伦比亚大学的录取通知书，学校还特别为她提供了奖学金。在哥伦比亚大学这几年，她在全世界参加各种学术活动，还在非洲、南美洲进行公费考察。经过五年的硕博连读，在同期毕业生已经在职场摸爬滚打五年之后，她毕业了。她顺利地在上海落户、工作，年薪是多数人很难达到的标准。工作尘埃落定之后，她开始谈婚论嫁了。她嫁给了同样在哥伦比亚留学的上海男人。

有些人可能会觉得S的目标挺俗气的，但一个俗气的目标，只要是自己想要的，为之奋斗并最终达成，无疑就是一件美好的事。

2

小丽的家庭条件优越，长得也非常漂亮，她毕业于某211高校国际商务专业。该学校的该专业，在国内排名也是数一数二的。毕业之后，她被中石油选中，分配到中石油云南分公司做财务工作。薪资虽然不及一线城市，但是在昆明，也属上层了，并且是在中石油这样的国企。

但是，工作没有半年，她就辞职了，原因是"太累了，没有前途"。辞职之后的整整一年时间，她赋闲在家。询问她原因，她说昆明没有好工作。但因为家在这里，她不愿意离开家，怕自己在外面太辛苦，所以就这么一直闲下去。

她不清楚自己是怎么想的，只记得自己曾经迷茫地对朋友说过："我真的不知道我到底想要什么。"

从小学开始，很多人就被老师和家长"逼迫"树立自己的理想。写作文的时候，很多学生都会敷衍地写出"医生""律师""科学家"之类的空头名号。在不清楚职业内容的情况下，何谈"想要什么"？

3

所有伟大的或成功的人物，都是以一个具体而明确的目标作为奋斗的基础。

海伦·凯勒一生专注于学习写作，尽管她从小在视力和听力上有缺陷，但她最终成为世界著名的作家之一；惠特曼一生致力于写一本叫《草叶集》的书，结果成为美洲最伟大的诗人之一；乔治·派克一生致力于生产世界上最好的钢笔，虽然他仅在美国一个小镇上开始他的事业，但是他的产品——派克牌钢笔成为世界上最著名的书写工具；亨利·福特一生致力于生产廉价小轿车，虽然他只受过4年小学教育，而且白手起家，但他的努力使他成为那个时代最富有的人；比尔·盖茨立志要让所有的人都用上电脑，他的"视窗"最终征服了全世界。

这是生活中的一项真理，只有那些有具体而明确目标的人，才会成就伟大的事业，才会受人尊敬和注目。而那些没有明确目标的人，埋头苦干却不知道为什么要这样做。盲目地去做了之后，到头来发现追求成功的阶梯搭错了边，却为时已晚。

4

关于目标，有人这样说："我希望我的工作和别人一样，既轻松又能拿到很丰厚的工薪，并且买一栋好房子，还要有一辆好车……"这样设置人生目标，仿佛跑到航空公司里说："我买一张机票。"除非你说出你的目的地，否则人家无法卖票给你。

因此务必要确定真正的目标，并拟定实现目标的计划，澄明思虑，凝聚继续向前的力量。

1984年，在东京国际马拉松邀请赛中，名不见经传的日本选手山田本一出人意料地夺得了世界冠军。当记者问他有什么秘诀时，他说："凭智慧战胜对手。"

当时，许多人都认为这个偶然跑到前面的矮个子选手是在故弄玄虚，人们认为马拉松赛是考验体力和耐力的运动，只要身体素质好又有耐性就有望夺冠，爆发力和速度都在其次，说用智慧取胜，实在是让人摸不着头脑。

2年后，意大利国际马拉松邀请赛在意大利北部城市米兰举行，山田本一代表日本参加比赛。这一次，他又获得了世界冠军。

记者再一次询问他有什么秘诀时，山田本一的回答仍是："用智慧战胜对手。"

人们仍然不解。

10年后，这个谜底终于被揭开了。在山田本一的自传中，他这样写道："每次比赛之前，我都要乘车把比赛的线路仔细地看一遍，并把沿途比较醒目的标志画下来，比如第一个标志是银行，第二个标志是一棵大树，第三个标志是一座红房子……这样一直画到赛程的终点。比赛开始后，我就奋力地向第一个目标冲去，等到达第一个目标后，我又奋力向第二个目标冲去。40多公里的赛程，就被我分解成这么几个小目标轻松地跑完了。起初，我并不懂这样的道理，我把我的目标定在40多公里外终点线上的那面旗帜上，结果我跑到十几公里时就疲惫不堪了，我被前面那段遥远的路程给吓倒了。"

在一个大目标面前，或许你会觉得自己根本无法实现目标，常常会因为目标的遥远和过程的艰辛感到气馁，甚至怀疑自己的能力。而在一个小目标面前却往往充满信心，能够顺利地完成。

有些急功近利的人，一开始就给自己定下大目标，天长日久，当发现目标离自己仍很远时，就会因为自卑而放弃一如既往的努力。其实，你可以把每个大目标分成无数个可以实现的小目标，当实现了每个小目标，认认真真做好了每一件事，大目标也就离你不远了。

哭完了，就去打仗

行事犹豫不决带来的危害远比执行出错带来的危害大，静止不动的事物比运动中的事物更容易损坏。

1

一个6岁的小男孩，有一天在外面玩耍时，路经一棵大树，发现一个鸟巢被风从树上吹落在地，从里面滚出了一只嗷嗷待哺的小麻雀。

小男孩决定把它带回家喂养。

当他托着鸟巢走到家门口的时候，他突然想起妈妈不允许他在家里养小动物。于是，他轻轻地把小麻雀放在门口，急忙走进屋去请求妈妈，在他的哀求下妈妈终于破例答应了。小男孩兴奋地跑到门口，不料小麻雀已经不见了，他看见一只黑猫正在意犹未尽地舔着嘴巴。

小男孩为此伤心了很久，但从此他也记住了一个教训，只要是自己认定的事情，绝不可优柔寡断。

2

在人生中，思前想后、犹豫不决固然可以免去一些做错事的可能，但更大的可能是会失去更多成功的机遇。

世界上有很多人光说不做，总在犹豫；又有不少人只做不说，总在耕耘。成功与收获总是光顾有了成功的方法并且付诸行动的人。过分谨慎和粗心大意一样糟糕。如果你希望别人对你有信心，你就必须用令人信赖的方式表现自己。过度慎重而不敢尝试任何新的事物，对你所造成的伤害，甚至比不经任何考虑就突发执行的后果还严重。比如，没游过泳的人站在水边，没跳过伞的人站在机舱门口，都会越想越害怕，不敢往前一步，人处于不利境地时也是这样。

在四川的偏远地区有两个和尚，一个贫穷，一个富裕。

有一天，穷和尚对富和尚说："我想到南海去，你看怎么样？"

富和尚说："我多年前就想租条船沿着长江而下，现在还没做到呢，你凭什么去？"

穷和尚回答："一个饭钵就足够了。"

第二年，穷和尚从南海归来，把去南海的事告诉了富和尚，富和尚深感惭愧。

穷和尚与富和尚的故事说明了一个简单的道理，嘴动不如行动。没有果敢的行动，一切梦想都只能化作泡影。现实是此岸，理想是彼岸，中间隔着湍急的河流，行动则是架在河上的桥梁。

令人精疲力竭的并不是做的事本身，而是思前想后患得患失的心态。许多失败者的最大特征就是顾虑再三、犹豫不决。

伟大的作家雨果说，最擅长偷时间的小偷就是"迟疑"，它还会偷去你口袋中的"金钱"和"成功"。诚然，没有谁能有100%的把握保证每一次决定都能获得成功，但是现实的情况就是等待不如决断。所以，在机会转瞬即逝的当代社会，等待就意味着"放弃"，成功者宁愿"立即失败"，也不愿犹豫不决。

所以，获得成功的最有效的办法，是排除一切干扰因素，迅速做出该怎么做一件事的决定。而且一旦做出决定，就不要再继续犹豫不决，以免行动受到影响。

3

古罗马有一位哲学家，他饱读经书、富有才情，有很多女子迷恋他。

一天，有一个美丽的女子来敲哲学家的门，说："让我做你的妻子吧！错过我，你将再也找不到比我更爱你的女人了！"哲学家虽然也喜欢她，却回答说："让我考虑考虑！"他犹豫了很久，终于下决心要娶那位女子为妻。

哲学家来到女子的家中，问女子的父亲："请问您的女儿在吗？请您转告她，我考虑清楚了，我决定娶她为妻！"那个女子的父亲回答说："你来晚了10年，我女儿现在已经是3个孩子的妈了！"

哲学家听了，几乎崩溃。后来，哲学家忧思成疾，临终前，他将自己所有的著作丢入火堆，只留下一句对人生的批注："下一次，我决不犹豫！"

人生的道路上，许多机会都是转瞬即逝的。机会不会等人，如果犹豫不决，很可能会失去很多成功的机遇。犹豫、拖延的人没有必胜的信念，也不会有人信任他们。果断、积极的人则不一样，他们是世界的主宰。放眼古今中外，能成大事者都是当机立断之人，他们一旦做出决定，就迅速执行。

在确定圣彼得堡和莫斯科之间的铁路线时，总工程师尼古拉斯拿出了一把尺子，在起点和终点之间画了一条直线，然后用不容辩驳的语气，斩钉截铁地宣布："你们必须这样铺设铁路。"于是，铁路线就这样确定了。

综观历史，成功者比别人果断，比别人迅速，比别人敢于冒险。因此，他们能把握更多的机会，成为成功者。

实际上，一个人如果总是优柔寡断、犹豫不决，或者总在毫无意义地思考自己的选择，一旦有了新的情况就轻易改变自己的决定，这样的人成就不了任何事，哪怕做出错误的选择，也比不选要好，如果错了，就哭吧，哭完了，就去打仗！

别人是以你看待自己的方式看待你

记得有位哲人曾说："我们的痛苦不是问题本身带来的，而是我们对这些问题的看法而产生的。"这句话引导人们学会解脱，而解脱的最好方式是面对不同的情况，用不同的思路去多角度地分析问题。因为事物都是多面性的，视角不同，所得的结果就不同。

1

美国某大学的科研人员进行过一项有趣的心理学实验，名曰"伤痕实验"。

每位志愿者都被安排在没有镜子的小房间里，由好莱坞的专业化装师在其左脸做出一道血肉模糊、触目惊心的伤痕。志愿者被允许用一面小镜子查看化装的效果后，镜子就被拿走了。

　　关键的是最后一步，化装师表示需要在伤痕表面再涂一层粉末，以防止它被不小心擦掉。实际上，化装师用纸巾偷偷抹掉了化装的痕迹。

　　对此毫不知情的志愿者被派往各医院的候诊室，他们的任务就是观察人们对其面部伤痕的反应。

　　规定的时间到了，返回的志愿者竟无一例外地叙述了相同的感受——人们对他们比以往粗鲁无理、不友好，而且总是盯着他们的脸看！

　　可实际上，他们的脸与往常并无二致，什么也没有，他们之所以得出那样的结论，看来是错误的自我认知影响了判断。

　　这真是一个发人深省的实验。原来，一个人在内心怎样看待自己，在外界就能感受到怎样的眼光。同时，这个实验也从侧面验证了一句西方格言：别人是以你看待自己的方式看待你。

　　不是吗？一个从容的人，感受到的多是平和的眼光；一个自卑的人，感受到的多是歧视的眼光；一个和善的人，感受到的多是友好的眼光；一个叛逆的人，感受到的多是挑衅的眼光……可以说，用什么样的眼光欣赏世界，世界就会给你什么样的回报；用什么样的心灵看待世界，就决定你将会拥有什么样的人生。

2

　　很早以前，有一群印第安人被白人追赶，逃到了某个地方，他们的处境十分危险。由于情况危急，首长便把所有的族人召集起来谈话。他说："有些事我必须告知大家，我这里有一个好消息，也有一个坏消息。"

族人中间立刻起了一阵骚动。

酋长说："首先，我要告诉你们坏消息。"所有的人都紧张地站着，神色惶恐地等待着酋长的话。

他说："除了水牛的饲料以外，我们已经没有什么东西可吃了。"大家开始你一言我一语地谈论起来，异口同声地发出"可怕啊""我们可怎么办"的声音。

突然，一个勇敢的人问："那么，好消息又是什么呢？"

酋长回答："那就是我们还存有很多的水牛饲料。"

同样的一件事情，悲观的人只看到不利的一面，乐观的人看到的却是有利的一面。不同心态，呈现出的世界完全不同，呈现出的人生道路自然也不同。

有一位满脸愁容的生意人来到智慧老人的面前。

"先生，我急需您的帮助。虽然我很富有，但人人都对我横眉冷对，生活真像一场充满尔虞我诈的厮杀！"

"那你就停止厮杀。"老人回答他。

生意人对这样的告诫感到无所适从，他带着失望离开了老人。在接下来的几个月里，他的情绪变得糟糕透了，与身边每一个人争吵斗殴，由此结下了不少冤家。一年以后，他变得心力交瘁，再也无力与人一争长短了。他再一次来到智慧老人面前。

"唉，先生，现在我不想跟人家争斗了。但是，生活还是如此沉重——它真是一副重重的担子呀！"

"那你就把担子卸掉。"老人回答。

生意人对这样的回答很气愤，怒气冲冲地走了。在接下来的一年当中，他的生意破产了。妻子带着孩子离他而去，他变得一贫如洗、孤立无援，于是，他再一次向这位老人讨教。

"先生，我现在已经两手空空，一无所有，生活里只剩下了悲伤。"

"那就不要悲伤。"生意人似乎已经预料到会是这样的回答，这一次他既没有失望也没有生气，而是选择待在老人居住的那座山上。

有一天，他突然悲从中来，伤心地号啕大哭了起来——几天，几个星期，乃至几个月地流泪。最后，他的眼泪哭干了。

他抬起头，早晨温煦的阳光正普照着大地。他又去到了老人那里。

"先生，生活到底是什么呢？"

老人抬头看了看天，微笑着回答道："一觉醒来又是新的一天，你没看见那每日都照常升起的太阳吗？"

人生长河中，得失总在轮回之间。面对人生境遇中的幸福、美满和团圆，世人都懂得感恩、庆幸、珍惜，但面对痛苦、悲伤和破碎，很多人却不能够换个角度看，只是一味地局限于眼前的困境，对个人的得失耿耿于怀，逐渐丧失了最基本的辨别能力。

3

一个对生活极度厌倦的绝望少女，打算以投湖的方式自杀。

在湖边，她遇到了一位正在写生的画家，画家专心致志地画画。少女厌恶极了，她鄙薄地看了画家一眼，心想："幼稚，那鬼一样狰狞的山有什么好画的！那坟场一样荒废的湖有什么好画的！"

画家似乎注意到了少女的存在和情绪。不过他依然专心致志、神色怡然地画着，过了一会儿，他说："姑娘，来看看我的画吧。"

她走过去，傲慢地斜视着画家和画家手里的画。但是，她被那幅画吸引住了，把自杀的事忘得一干二净，她真是从没发现世界上还有那样美丽的画面——他将"坟场一样"的湖面画成了天上的宫殿，将"鬼一样狰狞"的山画成了美丽的、长着翅膀的天使，最后将这幅画命名为"生活"。

良久，画家突然挥笔在这幅美丽的画上点了一些杂乱的黑点。

少女惊喜地说："星辰和花瓣！"

画家满意地笑了，说："是啊，美丽的生活是需要我们自己用心去发现的！"

站在不同的角度，总能欣赏到不同的风景，而怀着不同的心态，也会有不一样的人生。同一片蓝天下，悲观者看到渺茫，乐观者却看到广阔。渺茫了，心就会失去方向；广阔了，人就容易积极前行。

所以换个角度看，也许所有的苦难都可能是幸福设置的关卡，所有的悲伤都可能是快乐眷恋你的借口，所有的失败都可能是成功在对你做最幽默的考验。你会发现，其实人生路途处处皆风景。

谁会比谁尊贵啊？遇到事儿大家都一样

别太好意思把自己打扮得高高在上，也别不好意思把自己当回事，世界上最有魅力的人，往往不是最尊贵的人，而是最不摆架子的人。

1

有一个公主，从小娇生惯养，生活在众星捧月之中。生活中，如果有人对她讲一些人遭遇悲惨的故事，她会说："这太令人不可想象了！我贵为公主，这事要是发生在我身上，我一定受不了。"

后来，邻国开始攻打她的国家，军队在战争中节节败退，国王在战场上牺牲了。她的母亲无法接受国家沦陷、丈夫战死沙场的结果，自杀身亡。而这位公主，被抓到敌国做了奴婢，受尽了非人的折磨。

三年后，她因为一条腿残疾而被赶了出来，身无分文的她以乞讨为生。

有一天，一个人知道了她的遭遇，感叹道："我的天，你从尊贵的公主沦落成现在的乞丐，这太可怕了，这事要是发生在我身上，我一定受不了！"

可公主却淡然地说道："没有谁比谁尊贵，只要还活着，这事发生在谁身上谁都得承受！"

是啊，这世界上，谁会比谁尊贵呢？遇到事儿，大家都一样！

2

《金刚经》中有一段文字记载，大意如下。

在某个时期，佛祖的名气已经遍及地球上多个国家和地区，但是佛祖依然素衣素食，和普罗大众一样过着极其平淡的生活；像大街上的任何一个人一样，光着脚在地上走路；到了进餐的时间，就和门徒一样，亲自挨家挨户敲门化缘，然后再端着饭返回住处；吃完了饭，就刷洗收拾钵具，然后去打水洗衣、洗脚。

佛祖在做这一切的时候，他就是芸芸众生中最普通的一员，他一直做着最简单朴实的自己。他没有所谓的万人朝宗的尊贵感，也没有唯我独大的狂妄架子，就这样融入人群里，过着最简单的生活，但是，他的内心拥有最崇高的境界，吸引了无数的门徒归于门下。

在生活中，往往会有很多人，他们身上有种强烈的优越感。他们可能以出生在一个背景强大的家庭为荣；或以在所谓的"世界500强"工作为荣；或以在官场身居高位为荣；或以拥有一所名牌大学的学历为荣……诚然，不能说他们的这种荣誉感是不正当的，但是一个人时时刻刻总是强调这种荣誉感，就会在不知不觉中"摆起架子"。

通常，人们不喜欢这种热衷于摆架子的人，并戏谑地称之为"臭显摆"。有时候在评价一个人的时候，会说："某某，不管对谁，一点儿架子都没有。"通常，这是人们发自内心对一个人莫大的肯定。

如果一个人总是放不下自己的"尊贵感"，在个人成长和事业发展上就会产生障碍，其人生境界也就不会高到哪里去，事业格局也不可能开展得很大，因为当他执着于自己的"尊贵感"时，成功已经离他远去。

某企业的老总为了弘扬企业精神，请来了著名的大师为员工上课。为了保证有一个安静的授课环境，也为了表示对大师的尊敬，上课一开始老总就要求全体听课人员关掉手机，并且特别强调，如果这期间谁的手机有电话打来，就要接受做20个俯卧撑的惩罚。

话音刚落，就有手机铃声响了。大家循着声音看去，没想到机主竟然是老总。一时间，这位领导满脸通红，站也不是坐也不是，最后，还是在大家的鼓励下走了上去。

带着一丝愧疚和不好意思，这位老总开始一个一个认真地做俯卧撑，员工们一个一个认真数着。老总很快就做完了20个俯卧撑，随后，台下响起雷鸣般的掌声。

这位老总作为企业的领导，在规则面前能放下"尊贵感"，与众人平等地遵守规则，因而赢得了所有人的理解和尊重。

3

战国时期，齐宣王之子齐闵王田地，是齐国第六任国君。燕国大将军乐毅率领的诸侯联军攻入国都临淄的时候，他仓皇出逃至卫国。

田地刚逃至卫国的时候，由于卫国势力单薄，在当时还没有什么地位，所以，国君很尊敬他，把自己的皇宫都让给他住了，吃穿住行样样供应。可是齐闵王田地一直没放下自己"东方大帝"的身份，端着架子，在别人的地盘上大发脾气，还把卫国的重臣当成自己的大臣一样呼来喝去，根本没把卫国的国君放在眼里。最后，卫国国君下令让他打道回府。

走投无路的田地又去投奔了鲁国。可是，这个尊贵的"东方大帝"仍然我行我素。

鲁国派大臣去迎接他，田地问道："你们准备用什么样的规格接待像我这样尊贵的国君？"大臣表示："自然是贵宾待遇。"但不知道天高地厚的田地却要求鲁国用国王的礼遇迎接他，并且还要求鲁国的国王24小时待命。鲁国国君听后勃然大怒，当即下令全面封锁边境。

齐闵王田地再一次投奔无门，转而投奔邹国。没想到这次凑巧赶上邹国的国君驾崩。田地大言不惭地告诉邹国自己准备以君主的身份前往吊丧，并要求邹国的新国君要向北号哭，而他则要坐在北边的祭坛上，一边接受新任国君的朝拜，一边对国民挥手致意。悲痛之中邹国国君的儿子火冒三丈，对齐闵王的无礼要求感到非常愤怒，于是派人将其驱赶出境。

齐闵王田地带着他至高无上的"尊贵感"，过着悲惨的逃亡生活。如丧家之犬的他最后只好奔莒，可是等着他的没有救济。最终齐闵王被楚国将领淖齿所杀。

现代社会治安比过去要好，处处摆架子的人还不至于像田地一样会丧失生命，但是这样的人走到哪儿都遭人憎、惹人嫌，最后连个真正的朋友都找不到。

混迹江湖，各有各的法宝和利器，不见得谁就比谁厉害。所以，要正确认识自己、学会反思，眼光长远地看待问题。即使觉得自己在某些方面高于常人，但是也要想想在其他方面是不是也有不足之处，缺乏自我欣赏的意识和过于高看自己都是不足取的。

你忌妒过TA，可你也被TA嫉妒过

"欲无后悔须律己，各有前程莫妒人。"每个人都忌妒过别人和被别人忌妒过，这是在所难免的，关键在于怎么调整自己的心态。

1

有这样一个故事。

有一个人同时饲养了山羊和驴子。因为驴子每天要干很多重活儿，所以主人就给驴子多喂一些饲料，给山羊少喂一点儿饲料。

嫉妒心很重的山羊便对驴子说："你每天不仅要推磨，还要驮沉重的货物，十分辛苦，不如你假装摔倒在地上装病吧，这样就可以得到休息了。"驴子听从了山羊的劝告，摔得遍体鳞伤。主人请来医生为它治疗，医生说要将山羊的心、肺熬汤做药给驴子喝，才可以治好。于是，主人马上杀掉山羊去为驴子治病。

现在想想，山羊因为嫉妒驴子，反而害了自己，这真是自食恶果。

2

你身边一定有这么一种人，也许他（她）的长相并不出色，但却很得异性的青睐；在你的眼里，他（她）的能力并不如你，但是领导却对其另眼相看；或许你还觉得他（她）有着各种各样让你难以忍受的小毛病，但是偏偏在人际关系中混得如鱼得水。这类人所得到的是你想要得到，却没有得到的。当你在心里呐喊"我凭什么不如他（她）"的时候，这说明，你嫉妒了。

"既生瑜，何生亮？"《三国演义》中，周瑜活脱脱地被刻画成"妒忌"的典型。

诸葛亮与周瑜约定攻打南郡，若周瑜先攻而不下，便要让诸葛亮去攻城，谁得手南郡便归谁。当周瑜攻下南郡的时候却发现被诸葛亮占领了，周瑜出计以孙小妹留下刘备，诸葛亮用计谋将刘备夫妇接回，留下了"周郎妙计安天下，赔了夫人又折兵"的笑柄。

周瑜恨极了诸葛亮，便假说想取汉中，想要借道荆州，趁刘备等人出来迎接时便可将其一举擒获，没想到被诸葛亮识破。在与诸葛亮的斗争中周瑜从来没有胜过，只能在死前喊冤。他的妒忌心不仅葬送了自己，还破坏了"孙刘"的联盟，最后只能被曹操各个击破。

当你产生妒忌心的时候，就应该明白"高下立见"这一道理。

在职场中，总是有许多能力、成就不如他人的人妒忌别人的步步高升。妒忌是遮住双目的屏障，是插进心里的毒刺。看到别人取得了成绩，不是恭喜和学习，而是妒忌，这是一种愚蠢的表现。古今中外有多少悲惨的例子都是由于妒忌而造成的。

妒忌是一颗毒瘤，害人也害己。这不仅表现出自己能力不如别人，而且体现出自己的心胸不够宽广。妒忌的烈火还会使人迷失人生的方向，错过成功的机会，甚至断送人的一生。因此，看到别人进步时，一定要摆正自己的心态，寻找自己可进步的空间和机会，奋发进取、发展自身，成为超越他人而不是被他人超越的人。

3

有一个人与一位富商比邻，他十分嫉妒这位成功的富商。

这位富商不仅其妻子美丽大方，一双儿女活泼可爱，事业上也颇有成就，人人都恭维他、尊重他。反观自己，妻子日渐年老、容貌衰退，儿子不学无术，每天只知道与狐朋狗友来往。自己在一个普通公司做最简单不过的工作，没有任何上升空间，拿到的那点儿工资也仅仅是够养家而已。唯一能让自己感到欣慰的，就是去世的父亲留给自己的这栋不错的房子。

这个人越想越难受："凭什么富商样样都比自己强？"

每当他看到富商一家其乐融融的，他就十分不痛快，巴不得这位富商倒什么大霉，或者遇到飞来的横祸。要么是家中着火，要么是事业受挫，最好是破产。他甚至希望下雨天的时候，雷电能够击中富商家。在日复一日地自我折磨中，他的身体逐渐消瘦，心中就好像有一块大石头压着，吃不下也睡不着。

有一天，他听说富商的父亲病重，就到街上买了一个花圈，准备偷偷地摆在富商的家门口。没想到刚走到门口，正好遇到富商打开门出来。富商看到这个人抱着花圈，忍不住红了眼圈，拉住他的手，说自己的父亲刚刚去世，心里十分难过，可是又不想表现出来惹母亲伤心，他是第一个来安慰自己的人，很感激他。

这个人觉得无趣，随便敷衍几句便离开了。

富商为自己的父亲办完丧事之后，便找到了这个人，提出自己的子公司需要一位像他这样的员工，并为这个人提供了高于原来工资两倍的工资，并且再三感谢说，当时他是第一个来安慰自己的人，这份友情自己永远也不会忘。这个人这时才发现，自己之前的所作所为是多么愚蠢。

4

徐青青一直以来最讨厌的人就是胡念心，因为几乎所有人都觉得胡念心漂亮、大方、身材好，最要命的是她还很有能力。

胡念心的家境优越，在徐青青看来这就是她得到别人好感的原因。徐青青想："她的家境富裕，所以她才能够读名校，靠她自己的能力是肯定无法考上的。而我徐青青就不同了，我完全是凭自己的能力考上了重点大学，取得优异的成绩，又凭面试时的出色表现赢得了领导的认同。可是，身边的那些同事就因为胡念心的父亲是业内高管，处处对她另眼相看，个个跟哈巴狗一样。"

徐青青看胡念心不顺眼的时候，自然觉得她做的事情处处不对。徐青青总是找各种各样的理由来刁难胡念心，这自然逃不过周围人的眼睛。有人好心提醒过徐青青，可是她一直不当回事。胡念心倒是没看出来什么，依旧对徐青青很热情。

一天下班的时候，胡念心迟迟不走。徐青青便找了个理由把胡念心支去其他部门，然后在她的桌子上翻看。忽然，徐青青看到几张夹在书中的票据露出了一半。就在那露出的部分中，她发现有一张的金额居然错了一个小数点。徐青青就像发现了新大陆一样兴奋，她知道这些票据是部门即将整理交给财务室的，而这一上交的任务正是自己要完成的。如果这错误的票据送到了财务室，并且被财务人员执行，会给公司带来极大的损失。这种事情一出，胡念心还有脸在公司里待下去吗？

　　徐青青看了看周围没有人，便快速将这几张票据拿出来，放进其他已经整理好的票据中，马上赶往财务室。幸好财务室的同事还没有走，她若无其事地将票据交了上去，并且督促着财务人员马上将票据上的金额打给其他公司。等到胡念心回来的时候，徐青青一看到她便故作自然地说："对了念心，财务室催咱们交票据呢，我路过你办公桌看到就在桌子上，顺手给你交了。"

　　胡念心着急地说："你怎么给交了啊？那数据有错误！"

　　徐青青故作吃惊地说："不会吧？那怎么办啊？"胡念心说："那是你签字的票据，我看到有错误就挑出来准备告诉你让你重做的，你说总经理找我有急事我就赶紧过去了，这不赶紧回来准备告诉你的，没想到……"听了这话，徐青青惊呆了。没过几天，徐青青收到了公司的辞退信，并且要求徐青青对损失负责。

　　看到别人比自己优秀，首先要做的并不是妒忌，而是快马加鞭，从各个方面提升自己。当你能够将别人抛在十万八千里之后，还用得着妒忌别人吗？也许当你提升了自己之后，在更高的层次上还会有比自己更优秀的人，那么就把自己的羡慕之情变为敦促自己进步的催化剂吧。

　　想要让自己也成为别人羡慕的对象，唯有不断进步，发展自己才是硬道理。

第二章

沧海有一粟，世界上有一个你

真正的成功应是多元化的。可能是你为他人带来了快乐，可能是你在工作岗位上得到了别人的信任，也可能是你找到了回归自我、与世无争的生活方式……每个人的成功都是独一无二的。

不妨换个角度来看待成功——成功不是要和别人相比，而是要了解自己，发掘自己的目标和兴趣，努力不懈地追求进步，让自己的每一天都比昨天更好。

你要比现在的你强

美国作家威廉·福克纳说过："不要竭尽全力去和你的同僚竞争。你应该在乎的是，你要比现在的你强。"

1

成功是不可复制的，每个人都有自己成功的方式。现在，越来越多的人走进了成功的误区，循着所谓的成功法则，踩着成功人士的脚印，小心翼翼地向前迈进，结果不但没有靠近理想，反而越走越远。

上帝化装来到人间，想问问人类什么叫成功。

上帝问第一位先生："请问，您认为什么叫成功？"

那位先生不假思索地说："成功就是成为一名富豪。"

上帝又问了第二位先生："先生，您认为什么叫成功？"

那位先生想了一会儿说："成功就是做大官，有权势。"

上帝接着又问第三位先生："您怎么看待成功？"

结果第三位说："成功就是当名人，因为名人能够前呼后拥，风光无限。"

上帝听了这几个人的回答后茫然地说道："那你们直接告诉我什么是成功的标准吧！"

结果这三位先生面面相觑，哑口无言。

上帝想："换个方法或许我能够了解什么是成功。"于是，上帝变成一位妇人来到公园，看见一位母亲正带着孩子在公园里嬉戏。

上帝走过去问："这位女士，我是个有钱人，您觉得我和您相比谁更成功？"

那位女士看了上帝一眼说："虽然您是个富人，但是在家里我是孩子慈爱的母亲，是丈夫贤良的妻子；在企业里我是优秀的员工，在社会上我是守法的公民。我每天过得平淡而又快乐，您有钱，但是您快乐、幸福吗？您能告诉我什么叫成功吗？"

上帝沉默了一会儿，便离开了。他又化装成一个名人，看到有一个骑自行车的年轻人从旁边经过，就把他请了下来。

上帝问："这位先生，冒昧地问您一下，我是一位名人，住的是豪宅，开的是名车，您却骑着自行车。您说，您和我谁更成功呢？"

那位骑自行车的小伙子打量了上帝一番，说："哦，您是名人，我呢，虽然不出名，但是我有充足的自我空间，能够自主地支配自己的生活。我可以下班后骑自行车出来遛弯儿，想看书就看书，想欣赏音乐就欣赏音乐。工作完成之后，我可以自由地安排自己的时间，能够与自己的家人、朋友经常相聚，享受生活所带来的快乐，我觉得我过得非常舒适。但作为名人，我想您恐怕没有什么自由。您说咱俩谁更成功呢？"

2

生活中，经常会听到这样的对话。

遇到男士就问："买房了吗?"

"没有!"

"买车了吗?"

"没有!"

"你都30岁了还没买房、买车，你以后怎么娶老婆、成家啊?"

碰到女士就问："钓了个金龟婿吗?"

"没有啊!"

"你都30岁了还没钓到金龟婿啊，你这一辈子怎么办啊?"

古波斯有一个叫西罗斯特拉斯的人，他想：我没有钱，也没有社会地位，但是我要出名，该怎么办呢? 后来他想了一个办法：火烧神庙。他居然冒天下之大不韪，一把火烧掉了古波斯最有名的神庙，之后就坐在那里不走，等着别人来抓自己。

别人抓了他以后就问他："你干吗要烧这座神庙?"

他说："我为了出名啊，我这个人为了出名，什么事都干得出来!"

别人就说："你再怎么想出名，也不能够烧神庙啊! 这是犯众怒的，你要遭天谴的。"

结果，西罗斯特拉斯讲了一句令人啼笑皆非的话，大意为"我不能流芳百世，也要遗臭万年"。

这就是为追求出名而不惜一切代价的故事。显而易见，如果成功的标准是那样的话，那对整个社会都是有危害的。所以说，要全面、正确地理解成功的含义。

3

这是一位少年的有趣经历。

（1）6岁时，一位非洲的主教跟他玩了一下午的滚球，他觉得从来没有一位大人对他这么好过，便认为黑人是最优秀的人种。

（2）上小学时，他常常花一整天时间偷看大姐的情书，且从来没有被发现。

（3）8岁那年，他有了一个嗜好，喜欢问父亲的朋友有多少财产，大部分人都被他吓了一跳，只好昏头昏脑地告诉他。

（4）他天生患有哮喘，夜里总是辗转难眠，白天又异常疲惫，这个病一直折磨着他。他对很多东西都心生恐惧，比如大海。

（5）他恳求父亲带他去钓鱼，父亲说："你没有耐心，带你去你会把我弄疯的。"也由于没有耐性，他成了牛津大学的肄业生。

（6）老师问他"拿破仑是哪国人"，他觉得有诈，自作聪明地改以荷兰人作答，结果遭到了不准吃晚饭的惩罚。

（7）他总觉得自己的智商只比天才低一点儿，测试结果却只有96，只是普通人的正常智商。

下面，我们再来看一位伟大人物的传奇。

（1）他一生朋友无数，他曾列了一个有50个名字的挚友清单，包括美国国防部部长、纽约的著名律师、报刊总编以及女房东、农场的邻居、贫民区的医生，等等。

（2）第二次世界大战期间，在他31岁时，为了帮助自己的祖国，他服务于英国情报局，当了几年的间谍。

（3）38岁时，他记得祖父从一个失败的农夫成为一名成功的商人，于是决定效仿。没有文凭的他，以6000美元起家，创办了全球最大的广告公司，年营业额达数十亿美元。

（4）他曾自嘲："只要比竞争对手活得长，你就赢了。"他活了88岁。

（5）他一生都在冒险，大学没读完，就跑到巴黎当厨师，继而卖厨具，然后到美国好莱坞做调查员，随后又做了间谍、农民和广告人，晚年隐居于法国的一个古堡。

（6）他敢于想象，设计了无数优秀的广告词，至今仍被使用。

（7）他说："永远不要把财富和头脑混为一谈，一个人赚很多钱和他的头脑没有多大关系。"

这位少年和伟人是同一个人，名字叫作大卫·奥格威，奥美广告公司创始人。

把上述两部分的7个例子分别对应，便会发现它们之间没有所谓成功的必然规律。有的可以牵强地联系起来，比如天性友善适合结交朋友，偷看情书为当间谍做了铺垫，对财富的欲望促使日后开了广告公司；有的则完全相反，比如身体不好却长寿，没有耐性却创造了伟业，智商不高却有着惊人的智慧。当然，也可以不一一对应。可是，你看了这位少年的有趣经历，一定能断定他会成为伟大的人吗？

在这里并不是反对总结成功的规律，万事万物都存在着一定的规律，但是不能机械地理解。有位著名的企业家说："市场永远不变的法则就是永远在变。"有位著名的人类学家说："估量命运的秘诀就是不可估量。"因为，人们总在不断改变。如果真能准确地预测未来，未来还有什么价值呢？

成功是不可复制的，人的性格、智商、情商、身份、环境、机遇都不一样，怎能拷贝成功？如果说成功有规律可循，那规律便是认识你自己、创造你自己、成为你自己。一句话——和你自己比，将来的你比现在的你强，就是成功！

最厉害的人，是多多动脑的人

俗话说，既要埋头拉车，更要抬头看路。说得直接点，就是只知道埋头苦干是远远不够的。因为如此一来，你就看不到前方到底是平坦大道，还是崎岖山路，或者万丈深渊。无论做什么事情，请大家千万记得不光要埋头拉车，还要学会抬头看路。

1

有一个人在一家建筑材料公司当业务员。虽然该公司的产品不错，销路也不错，但产品销出去后，总是无法及时收到回款。

有一位客户买了公司10万元的产品，但总是找各种理由迟迟不肯付款。公司先后派了三批人去讨账，但都没能要到货款。最后一批派去讨账的人中有一个人刚到公司上班不久，就被安排和另外一位员工一起去收款。在他们软磨硬泡下，客户终于同意给钱，叫他们过两天去拿。

两天后他们赶去，对方给了他们一张"10万元"的现金支票。

他们高高兴兴地拿着支票到银行取钱，结果却被告知，账上只有99900元。很明显，对方又耍了个花招儿，给的是一张无法兑现的支票。马上就要春节了，如果不及时拿到钱，不知又要拖多久。

同伴正在发愁，这个人却突然灵机一动，赶紧拿出100元，存到客户公司的账户里。这样一来，账户里就有了10万元。他立即将支票兑现了。

当他带着这10万元回到公司时，董事长对他赞赏有加。之后，他在公司不断发展，5年后当上了公司的副总经理，后来又当上了总经理。

是的，当每个人都认为工作只需要按部就班做下去的时候，偏偏总有一些优秀的人，会找到更有效的方法，将效率大大提高，将问题解决得更好、更完美！正因为他们有这种"找方法"的意识和能力，他们才能以最快的速度得到认可！

2

1793年，守卫图伦城的法国军队发生叛乱。在英国军队的援助下，叛军将图伦城护卫得像铜墙铁壁，前来平叛的法国军队怎么也攻不下。

图伦城四面环水，且有三面是深水区。英国军舰在水面上巡逻，只要前来攻城的法军一靠近，就猛烈开火。法军的军舰远远不如英军的军舰先进，根本无计可施。

就在这时，法国军队一位年仅24岁的炮兵上尉灵机一动，当即告诉指挥官："将军阁下，请急调100艘巨型木舰，装上陆战用的火炮代替舰炮，拦腰轰击英国军舰，以劣胜优！"

果然，英国舰艇无法抵挡这种"新式武器"，仅仅两天时间，英国的舰艇就被火炮轰得七零八落，不得不狼狈逃走。叛军见状，很快就缴械投降了。

经历这一事件后，这位年轻的上尉被提升为炮兵准将。这位上尉就是后来成为法国皇帝的拿破仑！

像很多杰出人物一样，拿破仑的成功，相当程度上在于在关键时刻找到了有效解决问题的方法，从而使自己迈上了一个新的台阶，获得了一个有高度的新起点！有了这样的新起点，才有了更大的舞台，才能吸引更多的人向自己看齐，才有更多的资源向自己汇聚。

3

西方有一句有名的谚语，翻译过来是"多多动脑"。许多人一生都遵循着这句话，解决了很多被认为根本解决不了的问题。现代社会，每个人都在想尽一切办法来解决生活中的一切问题，而最终的强者是能用最巧妙的方法解决问题的那部分人。

古罗马皇帝哈德良手下有一位将军，跟随皇帝长年征战。有一次，这位将军觉得他应该得到晋升，便来到皇帝面前提要求。

"我应该升到更重要的领导位置。"他说，"因为我的经验丰富，参加过10次重要战役。"

哈德良皇帝是一个对人才有着很高判断力的人，他并不认为这位将军有能力担任更高的职务。于是，他指着拴在周围的战驴说："亲爱的将军，好好看看这些驴子，它们至少参加过20次战役，可它们仍然是驴子。"

聪明的你，茅塞顿开了吧？这个故事告诉大家，经验与资历固然重要，但这并不是衡量能力的真正标准。有些人可能在一家公司待的年头很长，付出的辛劳也很多，但由于他们不求上进，只是日复一日、年复一年地重复自己的工作，他们在某些工作技能上固然很"熟练"，但这种"熟练"和重复却导致了惰性，阻碍了心智的成长，扼杀了真正的责任感和创造力。

在市场经济的新时代，做任何事都追求一个好的结果。不仅要做事，更要做成事；不仅要有苦劳，更要有功劳。因此，不妨问一问自己，是否解决了一个或几个棘手的问题，给别人留下了深刻的印象？是否做了几件业绩突出的事情，让领导和其他人十分欣赏？

你孤独时做什么，你就是什么样的人

说起孤独，人们就会想到"离群索居、孤影自怜、孑然一身"等词语。在世人看来，似乎只有合群才是正常的，才能避免孤单，才能得到幸福。其实，这只是浅层次的孤独，真正的孤独是一种高贵的品格，一种宁静的心境。

1

著名作家、哲学家亨利·戴维·梭罗曾就读于哈佛大学。

1845年一个温暖的春天，28岁的梭罗带着一把借来的斧头和一些必备的生活用具，轻快地走进了美国马萨诸塞州瓦尔登湖畔的森林深处。

在他的面前，就是美丽的瓦尔登湖了，轻风在湖面吹起层层闪亮的涟漪，也吹得他思绪飞扬，仿佛在经历了红尘中的繁华与喧嚣后，他终于找到了一个静美的世界，可以映衬自己真实的内心。

一个月后，他用在森林中砍来的木材亲手搭建了一座小木屋，这将是他未来的居所。当他夜里躺在床上时，有月光从窗外照射进来，他还可以听到外面的森林被风吹得哗哗地响，此刻，他觉得自己离生命的真谛是那样的近。

每一天的清晨，他都会被鸟鸣声唤醒。上午，他会坐在小木屋前，沐浴着阳光静静地思考；到了下午，他或在湖边垂钓，或在湖中泛舟……

其实他还有一位"邻居"，那就是早在他来之前便在这里安了家的一只野鼠。每当他吃饭时，它便来到他的脚下，捡食地上的面包屑。慢慢地他们就熟识了，有时会在一起玩，像一对老朋友。渐渐地，"善邻"都来了，最热闹的便是那些鸟了，最早来木屋里安家的，是一只美洲鹤。它居然大模大样地在屋子里安家，与梭罗共处一室。屋外的一棵松树上，住着一只知更鸟，每天都为他演奏大自然的乐章。在五月里，会有鹧鸪拖家带口地从林中飞到窗前……

除了舒适与安逸，梭罗还要劳动，因为他需要养活自己。可他一年中只劳动六个星期，因为他不需要任何多余的东西，只求温饱就够了。他说："多余的财富只能够买多余的东西，人的灵魂所必需的东西，是不需要花钱买的。"

也就是在这种孤独的幸福中，那本传世之作《瓦尔登湖》才得以从梭罗的笔下缓缓流出，那份恬静与和谐，怎能不拨动读者心底那根脆弱的弦？

孤独并不可怕，可怕的是对一切失去兴趣。对人生有热忱，生活才有光亮。因此，在孤独中应该鼓起勇气找出自己的路。有了自己的创造与成就，就可以相信，孤独与寂寞并不如你所想的那样可怕，因为它对你有激励的作用。

2

王顺友，全国道德模范获得者，四川凉山彝族自治州木里藏族自治县邮局的投递员。他常年从事着一个人、一匹马、一条路的艰苦平凡的乡邮工作。20多年里，他的送邮往返行程长达26万多千米，相当于走了21个两万五千里长征，绕地球赤道走了6圈。

王顺友负责的马班邮路，是出了名的山高路险，气候也十分恶劣，一路上要经过几个气候带。他经常露宿荒山岩洞、乱石丛林，经历了被野兽袭击、意外受伤乃至肠子被骡马踢破等艰难困苦。他常年奔波在漫漫邮路上，一年中大约有330天都在大山中度过，因而无法照顾多病的妻子和年幼的儿女，但是他从没有向组织提出过任何要求。

"为人民服务不算苦，再苦再累都幸福。"这是王顺友在山间投递信物、百般无聊时自编自唱的山歌。在经历了多年的寂寞和孤独后，他的心灵也随之越发强大起来。他经常这样告诉自己："我一定要对我的工作负责，一定要为等着信物的人民负责！"不仅如此，在完成投递工作之余，他还主动向农民群众讲述他的所见所闻，包括如何致富奔小康，如何让粮食收获更多，如何挑选优良种子……

　　当然，投递的路途是艰辛和孤寂的，与他相伴的只有他的马。抛开路途的艰辛险恶不说，单是这么多年一人一马的孤独，也远非常人所能消解。试想若是换成自己，是否能如他一样摆好心态，自娱自乐地过好这20多年？

　　孤独并不可怕，正因为拥有独处的时间同时还有所期待，精神世界才显得充盈。生活需要孤独的力量，虽然在生活中也需要集体的温暖，但每个人都是独立的个体，人生各自有不一样的精彩，同伴也许会给你帮助，但彼此之间的妥协又阻碍了彼此梦想的触角。一个人上路，一个人踏上这场无关风月的旅途，获得心灵的自由。其实，孤独也是一种福气，得闲时面对窗前明月，清茶一杯，好书一卷，听一曲清幽古乐，任情思神游；或独自漫步山水林野间，托付心灵于自然，静静地体味着安宁、悠闲、恬静和轻松。

3

　　贝多芬说："当我最孤独的时候，也是我最不孤独的时候。"孤独其实是一种心理感受，有的人即使长期孤灯独处，也很充实；有的人即使夜夜狂欢，心里面却仍有无边的寂寞。没有"自我"的人永远都是孤独的，即使一起狂欢的人再多，场面再喧闹，也只能是暂时的热闹。曲终人散后留下的空虚，比孤独本身更可怕。

　　不是所有的人都喜欢孤独，也不是所有的人都能拥有孤独，更不是所有的人都能读懂孤独、享受孤独。

　　粗俗浅薄的人只会无聊。孤独有别于寂寞，寂寞者的心灵总是空虚孱弱、充满恐惧，他们往往会在孤独中无奈落寞，迷失方向甚至沉沦颓废。渴望孤独并能尽情享受孤独的人，大多内心充盈、志存高远，为了自己的心性不受约束，而以独处来构建自己心灵的世外桃源，保持自己灵魂的洒脱，正如在一般人眼中，雄鹰在空中遨游形单影只，它是孤独的，但它所拥有的是整个蓝天。

你要让每个人满意？
那你就是让所有人都不满意

一个人想面面俱到，不得罪任何人，又想讨好每一个人，那是绝对不可能的！因为在做人方面，你不可能顾及到每个人的面子和利益，你认为顾及到了，但别人却不这么认为，甚至根本不领情的也大有人在。在做事方面，你也不可能顾及到每个人的立场，每个人的主观感受和需求都不同，你要让每个人满意，事实上，就是让所有人都不满意！

1

孙洋原来是某公司销售部的职员。销售这份工作很有挑战性，这正符合他的个性，他也非常喜欢，工作成绩一直不错。结婚后，他的妻子不喜欢他整天东奔西跑的，就希望他换个稳定点的工作，他的岳父岳母也常常唠叨说："你大学毕业什么工作不好找，偏偏要干什么销售，有什么出息？还是找机会跳槽吧。"他本不想换工作，想在销售这一行做出点成绩，但是经不住亲人的软磨硬泡，他终于答应换个工作。

在一位朋友的帮助下，孙洋在一家公司当上了总经理助理，家人都为他感到高兴，不住地称赞他。可是他开始变得不快乐，对自己没有信心，很简单的事情也感觉自己不能胜任。尤其是工作的烦琐更让他头痛，每天上班就像例行公事一样，他不知道自己工作的意义何在，再也找不到当初工作的成就感和愉悦感。于是，他开始不喜欢上班，下了班心情也不好，整个人都变了。

终于有一天，他想明白了，要做自己真正喜欢的事情，否则就会陷入痛苦的泥沼。他毅然辞去了总经理助理的职务，回到了原来的工作岗位上，他马上就恢复了原来的信心和斗志，不久就被提升为销售部经理，人也变得意气风发起来。

在生活中，亲人和朋友出于好意总是会建议你找份好工作，可是工作本无好坏之分，只有适合你与否，别人并不知道你最适合什么样的工作。所以，如果你不能清醒、客观地看待自己的天性，盲目地追随他人的想法，最后苦的只能是自己。

2

当你自己看中了一件衣服，而身边的朋友却都说不好看，那么你多半不会购买。因为你不想穿一件大家认为很难看的衣服，你会想："既然别人都说不好看，那一定是真的不好看。"不仅仅是在选择衣服上，在其他诸如选择工作、爱人等很多方面，常人都会有这个毛病。结果常常是按别人喜欢的标准做了选择，却忽略了自己内心真正的感受。

生活就是一场戏，每个人都扮演其中一个角色。扮演者的行为举止应和角色相符，但人们往往做不到，因为常常会遭到异样的目光，受到旁人的讥笑。你可能并不乐意扮演你所分配到的角色，剧组又不同意你更换，你应该意识到你有离开剧组、选择另一场戏的自由。

现实生活中，又有多少人不是因为自己喜欢而选择了现在的生活模式，而是迫于别人的意志去扮演那个大家喜欢的"角色"呢？忙的时候就像陀螺，一旦停下来，就会感到空虚，不知道自己生活的目标是什么，生活就成了为"演戏"而"演戏"，不但没有幸福和快乐，还让人感到痛苦不堪。

一位诗人有一次把自己的得意诗作拿到广场上去展览，很自信地对观众说，如果你们认为有败笔，尽可以指出。到了晚上，诗人的作品上标满了记号，人们挑出了无数他们认为是败笔的地方。

诗人非常不甘心，他灵机一动，又写了一首完全相同的诗拿到广场上展出，不同的是他请观众标出诗中的妙处。结果到了晚上，诗人看到所有曾被指责为败笔的地方，如今都换上了赞为妙笔的记号。

诗人感慨地说："我发现了一个奥秘，那就是不管我们干什么，只要使一部分人满意就够了，因为在有些人看来是丑恶的东西，在另一些人的眼里，恰恰是美好的。"

诗人的大悟，可以作为对非难、诽谤的一种基本态度；而诗人的这种做法，在一定程度上也可以作为受到非难、诽谤时如何解决这个问题的基本出发点。

人们经常按别人的反应来做决定，而很难按自己的意愿去行动，尤其是在关于"成功""幸福"之类重要的问题上，一切似乎已经有了约定俗成的标准。弗洛伊德说："人们常常运用错误的判断标准——他们追求权力、成功和财富，并羡慕别人拥有这些东西，这是因为他们低估了生命真正的价值。"

3

所有人都希望自己的生活方式是被别人羡慕的，却忘记了自己是不是真的喜欢。

当某人做了一件善事，引起身边同事们的注意时，会听到各种截然不同的评论。张三说你做得好，大公无私；李四说你野心勃勃，一心想往上爬；上司赞你有爱心，值得表扬；下属则说你在做个人宣传……总之，各种各样的议论，有的如同飞絮，有的好似利箭，一一迎面扑来。

该怎么办呢？

最好的方法，就是抱着"有则改之，无则加勉"的态度。

事实上，一个人是不可能让所有人都满意的，即使已经尽心尽力在做了，还是会有让别人不满意的地方。如果所有的人都对你满意，那么你这个人必定有问题。因为如果你做了坏事，好人会骂你；做了好事，坏人会骂你。

至于自己是否有别人所想的那么坏或那么好，只有自己知道。

因此，最重要的是要对自己的良心、对自己的努力负责；别人对你的批评、要求，那都是其次的。

如果太在乎别人的赞美，就会变得骄傲、得意；太在意别人的批评，就会感到懊恼、无奈，对己或是对事情都会有不好的影响。所以，最好的方法应该是随时保持内心的平静，把事做好。

不管干什么，只要一部分人满意便是成功。

不要对自己太苛刻，不要为了让周围每一个人都对你满意而处处谨小慎微，不要顾及他人的眼光而改变自己的言行，不要让所有人都满意了却委屈了自己，"我行我素"有时还是必要的。

人活一世不容易，何必事事都在意？你有什么必要为了让别人满意而委屈自己呢？

要什么完美，八十分万岁

世人都喜欢圆满，有一点儿缺陷，人们就会闷闷不乐。真实的世界本来就不是圆满的。如果一味地要求完美，反而会得不偿失。有这样一句话："当一个人毫无选择的时候，能做出最好的选择；当一个人有很多选择的时候，反而失去了选择，被'完美'的围城牢牢地围住。"

1

　　塞尔玛是一个普通的随军家属，一次，她陪伴丈夫驻扎在一个沙漠的陆军基地里。

　　丈夫奉命到沙漠中去演习，她一个人留在基地的小铁皮房子里。天气热得让人受不了——即使在仙人掌的阴影下也有40多度。周围没有可以跟她聊天的人，只有墨西哥人和印第安人，而他们不会说英语。她非常难过，于是就写信给父母，说要丢开一切回家去。不久，她收到了父亲的回信。信中只有短短的一句话："两个人从牢房的铁窗望出去，一个看到泥土，一个却看到了星星。"

　　读了父亲的来信，塞尔玛感到非常惭愧，她决定在沙漠中寻找"星星"。塞尔玛开始和当地人交朋友，她对他们的纺织品、陶器很感兴趣，他们就把自己最喜欢的纺织品和陶器送给她。塞尔玛研究那些引人入迷的仙人掌和各种沙漠植物，观看沙漠日落，还研究海螺壳，这些海螺壳是几万年前这片沙漠还是海洋时留下来的。

　　原来难以忍受的环境变成了令人兴奋、令人流连忘返的奇景。塞尔玛为自己的发现而兴奋不已，并就此写了一本书，以《快乐的城堡》为书名出版了。

　　是什么使塞尔玛的内心发生了这么大的变化呢？

　　沙漠没有改变，当地人也没有改变，改变的只是塞尔玛的心态。一念之差，使她把原先认为糟糕的情况变为了一生中最快乐、最有意义的经历，塞尔玛终于找到了属于自己的"星星"。

因此，面对生活和工作中的一切，你不能随意给事物定位，认为哪个是你应得的、哪个是你不应该失去的。得到与失去没有什么应该不应该，全在于你自己怎样去看待。

如果为了一颗逝去的流星哭泣，失去的可能是整个星空。换一种心态面对生活，让自己快乐起来，也许你会发现，自己得到的将会有更多。

2

有一个女孩活泼、美丽，却不幸身患绝症，据医生诊断，她最多还有10个月的生命。当知道自己的病情以后，女孩便不再快乐，她开始拒绝治疗，而且不和任何人说话，甚至连眼睛都不愿意睁开，只是静静地等待死神的到来。

医生说身患绝症的病人如果鼓起生活的勇气，敢于和死亡搏斗，这样也许还有产生奇迹的可能。

家人心急如焚，却无可奈何，直到有一天，一位老人也住进了医院。

"孩子，你看看外面啊！"女孩听到了一个陌生的声音，不由得有些好奇，便睁开眼睛，才发现不知道什么时候病房里又多了一位年老的病人。

"孩子，你应该看看窗外。"老人又说，女孩出于礼貌，便把目光投向窗外。

一丛花儿开得正艳，女孩想起自己美好的青春还没有来得及绽放就凋谢了，不由得黯然神伤。老人明白女孩的心思，说道："你看看那棵树。"

挨着病房的楼房一角，生长着一棵树，这棵树很奇怪，叶子稀稀疏疏的，树皮斑驳脱落，树枝也很少，而且树身严重扭曲，但是奇怪的是这棵树看起来并不苍老，而是显得精神百倍。

女孩收回目光，疑惑地看着老人，心想，这样的树有什么好看的？

"你知道它为什么会这样吗？"老人问道。

女孩思考了一会儿，看着树周围林立的高楼，淡淡地说："大概是修建这些楼的时候弄的吧？"

老人笑了："真是一个聪明的女孩。确实是这样，这棵树已经有几十年的树龄了，许多年前，它跟别的树一样，树干笔直、树皮光滑、枝繁叶茂，但是在修建这些大楼的时候，落下的砖石泥块掉在它身上，于是，树皮、树枝就成了这样。楼房建好以后，所有的阳光都被挡住了，为了寻找阳光，树干就慢慢开始扭曲，最终就成了这个样子。"

女孩的眼睛再次看向了窗外，那棵历经苦难的树在阳光下依然显得很有活力，虽然磨难重重，可是丝毫没有摧毁它那顽强的生命力。

看着看着，女孩的眼睛湿润了，她似乎明白了什么："谢谢你，爷爷，我懂了！"她那因为久病而显得苍白的脸上多了一些微笑。

老人看着女孩说道："快乐少了，痛苦就多了；微笑多了，痛苦就少了。孩子，错过了星星，还有月亮；错过了月亮，还有太阳；就算连太阳也错过了，还有整个天空。一棵树为了生存都还在努力争取每一点阳光，我们何必因为错过了星星而抛弃整个世界呢？"

女孩恍然大悟，她开始积极配合治疗。她就像那棵不幸的树，尽自己最大的努力去争取阳光，用自己顽强的毅力和死神抗争。

几年以后，女孩还是去世了，虽然她没有为自己的生命创造奇迹，但是她却让医生的死亡诊断一次次落空，直到生命的最后一刻，她还是面带笑容。

在她留下的日记中，有这样一句话："没有了星星，还有月亮；失去了月亮，还有天空。病痛带给了我痛苦，却也让我懂得了人生，在生命最后的日子里，我失去了很多，却也明白了很多！"

3

世界上美丽的事物往往会有缺憾，诸如维纳斯的断臂、圆明园的残垣等。它们并不完美，然而这些令人叹息的缺憾却并未减少它们本身的美丽；相反，它们给人以无限的想象空间，增添了无穷的魅力。所以，很多时候，有一种美丽叫残缺。

美艳无双的西施有心痛之病；才智绝顶的诸葛亮会霸业难成；勇冠欧洲的拿破仑也会上演滑铁卢之败。没有一件事物可以称得上绝对完美，上帝在安排完美的时候，一定不会忘记残缺，然而，残缺又在某种程度上成就了完美。西施因为心痛多了一点人见犹怜的动人；诸葛亮因为大业难成多了一曲千秋悲歌；拿破仑因为滑铁卢的惨败多了一份历史的传奇。

这些都揭示了一个道理：在这个世界上，完美与缺憾往往是并存的。如果懂得换个角度去看，就能发现缺憾背后的美。

"无言独上西楼，月如钩，寂寞梧桐深院锁清秋。剪不断，理还乱，是离愁，别是一般滋味在心头。"一轮满月当空固然是一种美，可这"月如钩"又何尝不是一种美呢？

史蒂芬·霍金，一个"坐在轮椅上的科学家"，仅以三根还能活动的手指保持着与外界的联系与交流，却掀起了一阵阵的"霍金热"；伊扎克·帕尔曼，坐着轮椅登台表演小提琴，最后登上了音乐艺术殿堂的最高峰；先天智障的胡一舟，当他沉浸在魅力无穷的音乐海洋中时，俨然成了一切生命的主宰。

缺憾并非真的缺憾。《圣经》上讲：当上帝关了这扇门，一定会为你打开另一扇门。诗人顾城说：黑夜给了我黑色的眼睛，我却用它来寻找光明。

人生在世，谁都希望生活完美，但缺憾总是难以避免。面对缺憾，换个角度，就能发现它背后的美。

你一快乐，就已经开始"赚钱"了

对一个人来说，快乐值多少钱？对一家企业来说，快乐值多少钱？对一个国家来说，快乐又值多少钱？在未得出精确的统计数据前，请一定先快乐起来，因为你一快乐，就已经开始"赚钱"了。

1

朋朋喜欢象棋，上初中时就会下象棋，在路边的象棋摊旁，他经常可以看上好半天，有时都忘了回家吃饭，为此经常遭到父母的呵斥。后来，朋朋买了一些关于象棋的书。那时的他和奶奶一起生活，奶奶怕影响他的学习，就偷偷把这些书藏了起来，最后，书没有了，但朋朋对象棋的喜爱却没有因此而湮灭。

长大后的朋朋开始忙于生计，每天烦恼扑面而来，也很少下象棋了。

一次，朋朋路经一个象棋摊，便在那里看了几局。摆象棋摊的是个60多岁的独身老人，在墙边支起个帆布篷，下面摆上六七张棋桌，这是他的全部投资。下棋不分时间长短，每人收一元，他以此为生，每月的收入不超过千元。老人每天都要喝一斤酒，人很随和、慈祥。

从那以后，朋朋只要技痒，便会到老人的小摊上下几局象棋。渐渐地他和老人便熟悉了，老人告诉朋朋，有酒、有棋，有此两乐此生足矣。老人说这些的时候，神态的从容、淡定和面部洋溢的笑容，都足以证明他是一个快乐的人。

岁月太长，生命太短。得与失、赢与输、荣与辱都要看淡一些，别给自己的烦恼找借口，要明白快乐不是上天恩赐的，也不是金钱买来的，而是自己创造和争取来的。为了追求快乐，应忘掉名利、忘记年龄、放弃虚荣，多和快乐的人在一起，多给烦恼的人一些微笑。

有一个老人，他虽然生活贫苦，但过得快乐又满足。每天回到家，老伴会嘘寒问暖，并且把力所能及的事全做了。

老伴会唱戏，他便学拉二胡。吃过饭，夫妻俩必要唱一段京剧。

日子虽然穷了些，但有老伴的爱，可以唱自己喜欢的京剧，他也是知足的。他并不羡慕那些有钱人，用他的话说，有钱人也有他们的难处。

富人与穷人的快乐有多大区别？

如果用金钱来衡量，区别很大，富人可以用钱买到很多看似快乐的快乐，穷人不能；如果用精神来衡量，那便不好说谁多谁少了，二者感受到的快乐，谁也不比谁少。

2

在民营企业家的一次聚会上，面对200多位中国的超级"富人"，主持人请"认为自己已经解决了财富问题的人"举手时，所有的人都举起了手；当主持人请"感到内心愉快的人"举手时，举手的人只剩下一个。

一个"海归"这样描述自己不快乐的内心："在身无分文的时候不快乐，腰缠万贯的时候也不快乐；被人家使唤的时候不快乐，到了使唤人家的时候也不快乐；在做学生的时候不快乐，到打工挣钱的时候还是不快乐；在国内的时候不快乐，折腾到国外还不快乐。"

心理专家认为，拥有快乐的心理并不难。只要保持心情舒畅，满怀信心和积极的情绪，你就会有一种快乐的心理，拥有一颗快乐的心。面对人生的琐碎、生活的压力，你已经很累了，何必再雪上加霜？

痛苦与快乐只不过是一种观念的转变。痛苦是人生，快乐也是人生。人生不会一帆风顺，又何必以痛苦折磨自己？人应快乐，痛苦只能让人丧失理智，只有快乐才能让人心平气和地处理问题。面对繁忙的工作，最重要的是有一个好身体，快乐是你保持健康的良方。

金钱，是许多人向往和追求的东西，在一些人眼里，只要有了钱，吃得好、穿得好，享受物质生活，就会拥有一切，误以为这样就会快乐。事实上，钻在钱眼儿里并不是时时都那么快乐的，"有"总还想"再有"，永远不能满足。这些人的精神空虚，沉迷于奢靡、堕落的生活，其实在理想、情操、精神生活方面一无所有，简直就是一个乞丐。这些人是孤独的、无聊的，没有快乐，他们那些所谓的物质享受都是过眼云烟。

可见，人其实是生活在一种心境当中的，关键是看你怎样想怎么做，也就是说人快乐与否是由他的世界观、人生观、价值观决定的。所以，不管你挣多少钱，哪怕是挣一分钱，如果你感到快乐，那也是值得的，也是幸福的。

3

现实世界并非尽如人意，所以，理想让现实变得丰满；但理想不是空想，而是要身体力行地去拼搏、去实现。于是，人们需要在理想与现实中，一边追求，一边实践。但是，这个过程往往会被名利阻碍，这时候，则要懂得敬畏和洒脱，虽然生活在现实的社会，但要保持内心的清醒。

一些不着边际的名声，对我们来讲是一种负担，带来的是沉重、捆绑、压抑，而不是轻松，它会让人忘记初衷、失去自我，与他人格格不入。更甚至，因为贪慕虚荣而断送自己的前程，与心中的理想渐行渐远。

有句话说："石火光中争长竞短，几何光阴？蜗牛角上较雌论雄，许大世界？"意思就是，人生的短暂如同铁击石所发出的火光一样，为名利不是在浪费时间吗？相对宇宙而言，人类的生存空间如同蜗牛角一样大，就算你争得了什么，能大得过世界吗？

古有"画地为牢"，以示惩戒，然而，画地为牢困锁的不是别人，往往是自己。人们总是喜欢将自己的内心牢牢地囚禁，为金钱、为权势、为爱情，不断让欲求的枷锁捆绑自己，在不知不觉间，将自己快乐的权利尽数消磨。佛曰："放下！"放下才能快乐和自在，但这又谈何容易？世上的人有了功名，便对功名放不下；有了金钱，便对金钱放不下；有了爱情，便对爱情放不下；有了事业，便对事业放不下。名缰利锁缠绕锁住你的身心，使你陷入世俗红尘的泥沼中不能自拔。

　　古人常说："智勇多困于所溺。"梦就像镜中花、水中月，都是虚无缥缈的东西。人如果沉浸在其中，任凭自己的思想泛滥，那只会越陷越深，仿佛陷入泥沼之中，无法自拔，最终只会害了自己。重要的是把握好眼下看得见、摸得着、实实在在的事物，淡定面对一切。而那些标榜美好的东西，也只是表面的光鲜罢了。

　　真正能够陪伴你一生的，也是你不能被剥夺的财富，唯有开心快乐。只有心情才与你同呼吸、共命运，同生死、共存亡。

第 三 章

爱情是邂逅来的，婚姻是选择来的

　　我们可能很容易就爱上一个人，但是维持一段婚姻，保持两个人之间的新鲜感和爱慕之情，坚定走完一生的信心，这绝对是门学问和艺术。可以说，爱情是邂逅来的，而婚姻则是需要自己去选择的。

如果觉得合适，就结婚吧

在人生的长河中，会遇到许多不一样的人和事，也会遇到自己中意和中意自己的人，携手走过一段人生的旅程。在经过无数次的摸爬滚打之后，一次次在角落里包扎自己的伤口的时候，可能会对自己所做的一切产生怀疑，为什么自己不能和心爱的TA一起走下去？为什么总会出现这样那样的波澜？

1

很多时候，人们都会幻想，如果林妹妹欢天喜地嫁给了宝哥哥，或者梁山伯真的如愿以偿地娶了祝英台，他们会不会永远幸福下去？为什么童话里讲到王子和灰姑娘从此幸福地生活在一起后，故事就戛然而止，没了下文？

别人给你介绍伴侣，首要条件就是看看你们两个是不是门当户对，是不是才貌般配。在老辈人看来，结婚是两个人在一起过一辈子，只有两个合适的人，才不会有那么多的磕磕碰碰、吵吵闹闹，才能开开心心、天长地久、白头到老。

童浩波和郭思雨是大家公认的金童玉女，他们来自同一个城市。男的高大英俊、有修养、有学识，毕业后当了公务员；女的是系里的系花，活力四射，毕业后在一家杂志社做记者。两个人无论是外形还是经济条件都很般配。但相恋两年后，在即将结婚的前三个月，两个人却宣布分手了。

大家都忍不住问郭思雨："是童浩波不好吗？"

郭思雨告诉朋友："他很好，好到我挑不出他的毛病。"如果她和童浩波结婚，真的是一桩世人眼中最好的婚姻，在别人还要辛苦打拼的时候，两个人因为家里条件富裕，可以轻松地拥有房子、车子。

面包、牛奶、爱情，一应俱全。

可郭思雨是一个有激情、有梦想的人，而童浩波是一个按部就班的人，他满足于现实生活的小情调，所以，有些不思进取。比如说，郭思雨买来一本不错的书，希望童浩波也能读一下，但他宁肯和同事吃吃喝喝、打打麻将，也对读书不屑一顾。在童浩波看来，为了升官、晋级，打麻将比读书重要，因为那样可以联络感情，读书却是白白浪费时间。

休息时，郭思雨喜欢去酒吧。她去那里不是为了喝酒，而是为了了解市井人生的百态，是为了邂逅某些人生不可多得的故事。这样，她笔下的人物才会更丰满，更有血有肉。而在童浩波看来，那是风尘女子去的地方。他们之间因为一些不同观点而争执，但不会真正吵架，只是谁也不理谁。

在郭思雨看来，这就是缘分尽了。所以，他们最后分手了。

一段看似唯美的爱情，未必就是当事人眼中最好的婚姻。婚姻如鞋子，舒服不舒服只有自己亲自穿在脚上才会感觉得到。外人往往只看到表面的唯美，而忽视了鞋子的舒适性。

婚姻是用来享受的，就像棉鞋一样，除了外观好看以外，还要穿着不磨脚、舒服、抗寒。如果这双棉鞋穿出去冻脚，就不是棉鞋了，也不会有人在冬天来临之际对它趋之若鹜了。

在婚姻中，往往没有最好，只有最合适。

2

"如果觉得合适，就结婚吧。"这是无数母亲面对儿女的终身大事时的态度。她没有说爱，而说合适，不是因为"爱"这个字眼她说不出口，而是在潜意识里，经历了漫长婚姻生活的母亲，看重的不再是爱，而是合适。

很多爱到生死相许的人，反而因各种各样的原因难成眷属，这到底是为什么呢？

爱得死去活来、惊天动地的恋人并不适合做夫妻，他们的婚姻比普通人存在更大的风险。因为爱得越深，对方就会成为你目光的焦点，你无时无刻不在关注着对方的一言一行。有时沾沾自喜，有时患得患失，一旦对方有什么不能做到尽如人意，没有给你预期的回报，你就会失落、会埋怨：我对TA付出了那么多，为什么TA总是视而不见、无动于衷？

这是很多恋人和夫妻间的问题，因为太爱，就不能用平常心来看待，搞得自己疲惫不堪，也把对方推向了痛苦的深渊。太多的爱，累了自己、伤了别人，反而会得不偿失。最后，爱情在琐碎生活的磨砺中消失殆尽，有情人落得分道扬镳的伤感结局。

婚姻里，要的就是合适。所谓合适，代表的是一种比较舒适的状态。两个人在一起轻松快乐，没有压力，那样才可以永远保持活力和热情。太多的牵扯会消耗过多的心力，让爱情在凡俗日子里迅速衰老，直到死亡。

有时候，婚姻的缘起，除了爱情外，或许还有最现实不过的相依为命。最后选定了要一起走下去，并真的在同行的过程中相扶相持、白头偕老的那个人，未必是这世上最好、最优秀的人，却一定是这世上最适合你的那个人。

心理学家认为，判断男女两个人是否适合"牵手"，应考虑以下10个因素：

第一，彼此都是对方的好朋友，不带任何条件，喜欢与对方在一起。

第二，彼此很容易沟通，可以互相敞开心扉地坦白任何事情，而不必担心被对方怀疑或轻视。

第三，两人有共同的理念和价值观，并且对这些观念有清楚的认识与追求。

第四，双方都认为婚姻是一辈子的事，而且双方（特别强调"双方"）都坚定地愿意委身在这个长期的婚姻关系中。

第五，彼此非常了解，并且接纳对方，当知道对方了解了自己的优点和缺点后，仍然确信被对方所接纳。

第六，对方是最了解你也是你最信任的人，你能得到对方的支持和肯定。

第七，有一个非常理性和成熟的交往，并且双方都能感受到，在许多不同的层面上，你们是很相配的。

第八，相处时可以彼此逗趣，常有欢笑，在生活中许多方面都会以幽默相待。

第九，有时会有浪漫的感情告白，但绝大多数的时候，你们的相处令对方感到非常满足，而且是自由自在的。

第十，当发生冲突或争执的时候可以一起来解决，而不是等以后再发作。

3

你喜欢的人并不一定是适合你的人，而适合你的人也并不一定是你最爱的人。想要找一个和自己过一生的人，就要努力去寻找最适合自己的人。可能这个人并不一定出众，也不很成功，甚至不是很有才华，但总会有一些只有你去接触和认识后才能发现的优点。

为之伤痛的感情只是人生精彩的开始，无论何时，都要记得自己最想要的感情是怎样的。因为那是你的坐标原点。没有人能一眼就认出哪个人就是自己的宿命，但可以去认识和感知对方的感情，慢慢地磨合。记住，感情是两个人的事情，当你感觉到对方对自己的求爱信号毫无反应或是已经不再反应时，请收起你的爱，因为你还需要气力和情感爱你的家人，更重要的是爱你自己。

爱情，都是有条件的

每一个人都是被有条件地爱着，也是有条件地爱着别人。爱与不爱都需要理由，这些理由都是说服自己的前提条件。

1

凌晨，熟睡的琳琳接到小小的电话。小小边哭边说："我真是瞎了眼，怎么就看上这么一个'东西'！"

琳琳知道小小嘴里的"东西"，是那个将她惹哭的男人，小小的爱情，总在分与合之间捉迷藏。琳琳想，大半夜打过来电话，估计他们又闹上了。

小小痛诉男朋友的种种劣迹，琳琳等小小骂完，回了一句："那你当初爱他什么呢？"

"爱他什么呢？"小小犹豫稍许，说，"当时还不是看他老实吗？我又不图他的房子、车子，如果知道他这样，我早就应该跟他谈条件的！想想真是便宜了他。"

　　生活中这样的控诉很多，经常会听到有人说："我不图他什么，只希望他爱我、疼我、待我好。"听起来，仿佛这份爱情很高尚，细想，其实爱情总是有条件的。

　　你可以对物质无所求，但对方跟你在精神方面一定是要相通的，不然面对一块毫无用处的铁板烧，你会动心吗？

　　你可以不问对方的学历、资历甚至经历，但对方一定在某方面合你的心意，或是脾气好，或是品行端正，抑或是对你真的用了心。不然，不痴不傻的你，怎会轻易让人牵了小手？

　　就像小小说的，只图她的男朋友老实一样。老实也是一种条件，对方的老实纵容了你的脾气，给了你一定的归属感，所以你才愿意跟人家相处。如若不然，你还会接受他吗？

　　爱情，总是有条件的。这些条件不仅有眼睛能看到的，还有心里能够体会到的。

2

　　若水暗恋一个男孩多年，对方却一直没有回应。

　　对此她用文字大段大段地在微信朋友圈、QQ空间袒露自己的内心，最后还上了天涯，她说："不管他爱不爱我，只要我爱他，这就够了，爱无条件，亦不求回报！"

　　当时跟帖的多位男士，他们的感慨如出一辙："得遇如此痴心女子，真乃人生大幸也！"

　　日子一天天过去，动态一天天更新下去。正当大家还在感动之中时，若水却突然发表文字，委屈地控诉："我对他这么好、这么痴心，他为什么一个笑脸也不给我？"

听听，条件来了吧？今天要的是笑脸，明天指不定就想跟对方牵手，过不了多久，甚至还会开始要求一些承诺。

爱情都是有条件的。这个条件，不仅仅是看得见的房子、车子或钻戒，对方的才华、家世、品行甚至生活习惯、语言特点，都有可能成为令你动心的条件。动心时，你会说："他在我眼里很优秀。"一旦相处出现了矛盾，闹起了别扭，又会大加指责："你怎么一无是处？"细想，他并非一无是处，而且你当初跟他好的时候，也是左右端量、权衡再三的。

盲目的人，无论自以为多爱，都不可能与爱结缘。

3

一个女孩打算出国读书，深爱她的男友劝阻不住，只好紧急组建包括暗暗在内的亲友团，轮番给她上课。

朋友们告诉她，她的男友已过30岁，到了结婚的年龄，恐怕难以等待。对她来说，爱情和读书是鱼与熊掌，不可兼得，像他这样爱她的优秀男人，并不好找，请她一定想清楚。

女孩坚持自己的想法，毫不为之所动，她的观点是："真正的爱情经得起任何时间和空间的考验，如果他真的爱我，就一定会等我。"

结果可想而知，她出国了，男友与她分手了，并且很快与另一个女孩结婚。两年后，她回国找到暗暗，说："能帮我一个忙吗？能约那个女人出来吗，我想见见。"暗暗没反应过来："哪个女人？"

她说："他的妻子。"

暗暗并没有答应她的要求，但是有一点可以肯定，她后悔了。

女人在陷入爱情时最容易犯的错误，就是盲目相信自己的爱人是世上最好的男人，盲目相信爱情伟大到可以经受一切考验，盲目相信自己拥有无条件的爱情。

4

网络上流传一句话："我把你当朋友，你却拿我当人脉。"

的确，你是否有过有人因为你的工作跟你聊天的经历？你错把这些当谈心，后来发现，你对对方畅所欲言，对方却对你有所保留，一开始就是有目的地跟你接触。

聊天记录可以证明，两个人是怎样从一开始的无话不说到后来的无话可说。事实上，你不得不认清一个事实："我们只是彼此的人脉。"

拉拉下班后和朋友聊天说："如果认识我，是因为我是某某公司的谁，我可以成为你要的一条人脉，那活得多么累啊！"

朋友回答："可是如果你不是谁谁谁，一无是处、灰头土脸的，甚至连和我逗趣的话都说不出来，要你这样的朋友做什么呢？又比如说，在你心情不好的时候，不能安慰你、陪伴你，你还要我这样的朋友做什么？"

最后，朋友意味深长地总结："朋友虽然是世间最清纯的一种交往模式，但也要互惠互利的。你送我桃李，我报之琼瑶。"

是啊，朋友也是要有条件的，何况爱情？

不要说你可以无条件地爱一个人，爱，总是有条件的。你说可以什么也不要，但是你要他爱你，这难道不是条件吗？

即使是父母爱子女，也是有条件的，条件就是儿女必须是他们的孩子，如果是别人的儿女，也不会那么爱，不会用生命加以保护。

其实每一个人都是被有条件地爱着，也是有条件地爱着别人。

5

不要以为你的爱情没有条件，不要相信付出就一定有回报。

付出只是爱的结果，而不是爱的前提。如果你爱一个人又舍不得付出，同样也会受伤。不要以为逃避现实就不会受伤，很多伤害并非因为现实真的有多残酷，而是因为现实与梦想之间的巨大落差。

也不要以为你的爱情与众不同，虽然你可能拥有无数动人的爱情细节和有别于他人的生动体验，但在大的框架内，你只可能重复别人的爱情故事，当你还在执着地幻想爱情的无数种美好可能时，曾经沧海的父母和"过来人"，已经在答题板上写好了结局。

——爱情，从一开始便是有条件的。

感觉到对方的不一样，爱上了，这是条件；

感觉到对方的庸俗，不爱了，这也是条件。

爱与不爱都需要理由，这些理由都是说服自己的前提条件。

世上的每桩爱情，桩桩都被条件束缚过。

因为爱与恨一样，从来都不会无缘无故。

但，不必心灰意懒。

既然知道世上没有无条件的爱，那么你就更应该努力使自己具备被爱的条件。

同时，你也该学习忘记一些条件，去爱一个人。

"男人不坏女人不爱"是真的吗

网上曾流传一句话："男人靠得住，猪都会上树。"面对那一个个"浑蛋"，作为天使的女生，"翅膀"好像总是会受伤。

1

雨寒是安的闺密、可可一直喜欢的人。

安和可可经常去健身中心游泳，雨寒是游泳教练，健美、帅气，眼神有些桀骜不驯。安看得出，可可很喜欢雨寒，不然她不会每周都拽上自己风雨无阻地往健身中心跑。但是，一天晚上，雨寒在微信上直言不讳地对安说："我喜欢你！"安吃惊不小："你不知道我朋友喜欢你吗？我怎么可以和她抢？"

雨寒大笑，说："结了婚的人都可以离婚，何况我和她并没有什么。"

　　于是，安失去了一个"闺密"，收获了一个男友。当朋友问安："怎么这样迷恋他？"安并没有回答。

　　其实，安也说不出究竟为什么。安在职场打拼了这些年，自己供着一套房子，而他有什么？没有相对稳定的职业，那辆普通的小轿车几乎是他的全部家当，但这并不妨碍安爱他，虽然和他在一起，甜蜜之外酸楚更多。

　　情人节的深夜，雨寒说要开车带安去一个神秘的去处，安浑浑噩噩地跟着雨寒去了，走到那里发现竟是一个露天温泉浴场，安在没有准备的情况下，被雨寒拖下水，在大冷天里，泡了一场又惊喜、又刺激的温泉浴，浴罢他们在茶座休息时，雨寒得意地笑着说："没人给过你这样的浪漫吧？"安想了想，这倒也是，除了他，谁能想出这样的点子呢！

　　但是，他浑蛋的时候更多。

　　最可气的一次是，他生日那天，安特意为他精心准备了一场烛光晚宴，但等到深夜也不见他归来，手机还关着，结果凌晨时才回来，说是跟一帮哥们儿聚会，喝高了，把自己的生日也忘了。他看着那一桌精美的菜肴，轻描淡写地说："干吗这么俗，非要傻等，自己吃了不好吗？"

　　还有一次，安在上班，接到了公安部门打来的电话，让安去一趟，说怀疑有人用安的身份证干了不法行为。那些天，安的身份证一直在家里，安想，难道被盗了？安惊魂未定地赶到公安部门时，才发现，竟是雨寒！

　　原来，用安的身份证去银行办理信用卡时，银行工作人员问他身份证是谁的，他说是自己老婆的，工作人员将信将疑，要看他自己的身份证，他说自己的在派出所换新证呢。人家又让他出示一下结婚证，结果他拿不出，还硬气地说："结婚证还没领到手呢！"于是银行认定他是骗子，就报了警。

安对他说："想办信用卡就直说嘛，干吗要私自行动？搞得这么被动，真丢人！"他不耐烦地说："我身份证还在更换中，若不是急着办理信用卡，才懒得动你的身份证呢！"

安什么都没说，从此以后，安总是把身份证带在身上，担心他再拿去做什么"违法乱纪"的事情，让安再一次陷入惊慌失措中。

只是，安时常想，将来若和这样一个有些"浑蛋"的男人在一个屋檐下过日子，谁又能保证没有别的"惊险"发生呢？

2

如果说，雨寒的"浑蛋"还属于"有惊无险"，那么，叶子就没那么好运气了，27岁的她，遇到了一个"不婚"的男人，而她说："爱过那个浑蛋后，我再也找不到激情了。"

叶子和基凡的相识缘于一次朋友的聚会。

认识基凡不久，一伙人相约一起去游乐场玩。叶子天生胆小，那些过山车、海盗船，叶子从来都是望而生畏。伙伴们边嘲笑叶子，边自顾自玩乐去，剩下叶子一个人在"试还是不试"的徘徊中绝望。基凡走过来，不由分说便拽上叶子往海盗船上坐，还坐在了最可怕的船头。叶子几乎要哭出来，他却一把揽过叶子，笑道："别怕，有我呢，试过了之后你就不怕了。"

海盗船越荡越高，基凡把叶子抱得越来越紧，叶子的心飘离了身体，在空中飘来荡去，身体没有了心，变得轻飘飘的，如一张纸瘫软在基凡的怀抱里。

后来，大家看叶子惨白的面色，纷纷指责基凡，他无所谓地耸耸肩，转身离开。叶子却用虚弱的眼光追随着他，想告诉他，她很高兴，终于尝试过了。

基凡带叶子观看的世界是那么的多姿多彩。他最喜欢去游戏厅玩跳舞机，叶子总是很不好意思当众舞来舞去，而基凡跳得特别好，既有乐感，又有舞姿，每一次都博得满堂喝彩。末了，他赶鸭子上架似的，把叶子推上舞台，让叶子在那里笨手笨脚地出洋相。当叶子懊恼又沮丧的时候，他却握着叶子的手，轻声在叶子耳边说："你第一次跳，就比那些经常跳的人跳得还好。"

第二天，叶子就收到了基凡送给她的一份礼物——一张跳舞毯，那种接在电视机上就可以在家里玩的跳舞毯。

叶子终于发现自己的身体被过多的东西所包裹，她需要释放，需要激情四溢的发泄。不知不觉中，叶子对基凡就有了依赖感，因为他总是在叶子需要的时候适时出现。

叶子是一个优柔寡断的人，而基凡则恰恰相反，他从来就是一个做决定的人，所以，跟基凡相处，叶子很轻松，放心地由他帮自己做决定。

叶子坠入了爱河，却无法把握他的感情。因为，他从不提婚姻。

基凡要鼓励、关心、爱护的人不止叶子一个，他总是突然出现在叶子面前，又突然消失，从来不解释、不说明。叶子已经发现，这只是他做人的一贯标准，他根本就是大众情人。

3

据悉，美国最新研究印证了"男人不坏女人不爱"这句话。

研究得出，"黑暗性格"分数越高的男人，越会逢场作戏、谈短暂恋爱，越会得到女人的欢心。因为这些"浑蛋"敢想、敢说、敢为，有"贼"心又有"贼"胆，能最大程度地激发女人潜意识中渴求浪漫的心理。

而且，越是没经历过情感挫折的纯情女人、好女人，就越容易被浑蛋男人所吸引。只是女人们需要注意的是，这些恋爱最后的结果往往是以悲剧收尾。

在生活中，女人会更关注那些"坏坏"的男人，也许大部分女人的回忆中，都有一个上学时曾经暗暗喜欢过的书读得不好但球踢得很好、游戏玩得不错的"坏男孩"。

女人的潜意识里，都是不甘寂寞、不甘平庸的，都希望有一点激情的撩拨，恰恰这种"浑蛋"男人深谙此道，他漫不经心的微笑和冷不丁冒出的小幽默、小浪漫便冲击了女人的心怀，女人不知不觉就被"蛊惑"了。

"浑蛋男"大都会调情，女人爱上他就像吸毒，越爱越上瘾，那种又爱又恨的感觉虽是一种折磨，但也欲罢不能——在这样的男人面前，女人总是一叶障目，甚至丧失了对男人的判断能力。

那么，就让我们看清楚他们以后，再去会会那些"浑蛋"吧。起码可以少受点伤，或者快点养好伤。

你没有爱情？挺好的

"单身"也好，"已婚"也罢，人生的每一个阶段都值得享受。

1

她毕业后就嫁给自己的丈夫，平静地度过15年之后，丈夫有了外遇，要离婚。回想15年的婚姻生活，她除了消遣娱乐带孩子，什么也没做。没有社会经历，没有工作。

15年后，韶华逝去，面对爱人的背叛，一切该怎么收场？

丈夫已下定决心不回头，她唯有自己站起来，才能重新开始。重生是痛苦的，要打破原有的习惯，要去融入新的环境。可人是万物之灵，一番挣扎之后，她在残酷的现实里找到了自己的一方天地。

再次与前夫在街头相遇时，她已经与往日大不一样。没有伤心感怀，没有凄凄切切，她勇敢地抬着头，走着自己的路。大步行走的她，没有浓妆华服，没有多余的饰品，只有一件白衬衫，一条牛仔裤，一个大手提袋，头发挽在后面，从头到脚散发着优雅、自然的韵味。

她的背影，让前夫感到留恋，他觉得自己当初做错了选择。

2

在很多人眼里，爱情是他们人生中很重要的一件东西，他们可以为了爱情放弃事业、放弃亲情、放弃友情，甚至放弃自己的生命。顺治皇帝在自己的爱妃去世以后，看破红尘，出家为僧；罗马尼亚国王卡罗尔二世曾经为了爱情两次放弃王位，带着心爱的人流亡国外。可见，爱情的力量是很强大的。

然而，英国哲学家培根说过："过度的爱情追求必然会降低人本身的价值。一切真正伟大的人物，没有一个是因为爱情而发狂的人，因为伟大的事业抑制了这种软弱的感情。"

紫杉是一个美丽聪明的女孩，在校期间学习成绩一直都很好，是老师和家长眼中的乖乖女。

上大学时，因为父母经常告诫她不要谈恋爱，还是学习比较重要，乖巧的紫杉听从了父母的劝告，大学期间一直没有谈过恋爱，把时间和精力都用在了学习上，因此，每次考试紫杉都拿一等奖学金，每年都被评为优秀大学生。没有爱情的大学生活，紫杉过得也很充实、很开心。

大学毕业以后，紫杉进了一家外企工作。从紫杉刚进公司那天起，公司一个叫林的男生就被清纯、美丽的紫杉吸引了，于是，称得上是情场老手的林对紫杉展开了追求。

紫杉从来没有谈过恋爱，加上林又很善于甜言蜜语、温柔体贴的"伎俩"，不久，两个人就开始交往了。可是好景不长，林渐渐厌倦了紫杉，觉得她太不成熟，还没交往多长时间，紫杉就吵着要去见家长，还总是絮絮叨叨地说一些结婚生子之类的话题。林觉得自己还年轻，不能就这样被一个女人套住一辈子，于是，他和紫杉提出了分手。

听到林这个决定的时候，紫杉犹如五雷轰顶，这个打击太大了，她几乎把自己以及自己的未来都寄托在林的身上，如今他却提出分手。

紫杉一下子就病倒了，她的意志很消沉，想起那段经历就觉得痛不欲生。她辞掉了工作，整天把自己锁在房间里茶饭不思，亲人朋友怎么劝说她都听不进去。到最后，一米七多的紫杉居然瘦到了70多斤。

就这样过了七八个月，紫杉终于醒悟了，她觉得自己不应该为了一段不美好的感情和一个不负责的人而折磨自己，于是，她开始大口地吃饭，开始制作简历，到处找工作。

工作找到以后，紫杉把自己的全部精力都投入到了工作中，她的事业很快就有了小小的成就。每天下班她都会去健身房健身，周末的时候和同事们去逛街，或者回家陪陪父母，放长假的时候就去旅游，出去走走，看看不一样的风景和人，放松一下自己的心情。

最后，紫杉发现，没有爱情的日子也很快乐和幸福，她感觉到了久违的轻松和自在，也渐渐找回了曾经的自信。紫杉很享受自己现在的单身生活，她也不再去刻意追求爱情，她想，什么时候缘分到了，自己一定会遇到适合的那个人。

没有爱情的生活，照样可以很幸福。没有爱情就享自由的快乐和亲情的温暖。没有爱情的日子，同样可以成为独特的人生经历。

3

　　安娜是个离过婚的女人，现在自己带着一个女儿生活。回忆起自己刚离婚时候的生活，她用"不堪回首"来形容。她说，那时候觉得生活简直跌入了深渊，四处都是黑乎乎的，看不到一丝光明和希望，她甚至都想过结束自己的生命，但是看到可爱的女儿，她又重新鼓起了生活的勇气。

　　她离开了原来生活的城市，"本来就不是自己的故乡，当初是因为爱上前夫，才留在那个城市的。"安娜说。她带着女儿来到自己一直向往的城市——昆明，在一家国际性的连锁公司找到了一份工作，这家公司的顾客主要都是女性，她在那里认识了很多和自己有着相似经历的女性，她从她们身上学到了很多东西，最重要的是她懂得了没有爱情的生活也可以很快乐。

　　不是每个人都那么幸运，可以早早地遇到和自己两情相悦、能够陪伴自己走过一生的人。没有爱情的日子，也可以让自己的生活充满阳光，爱自己、爱亲人、爱朋友；去帮助需要帮助的人；自尊、自爱、自信，这也是一种幸福的人生。

　　没有爱情的日子里，还可以有很单纯的愿望，只是自己变得更加成熟和理智了。对于一个人来说，爱情很重要，但是懂得爱自己更加重要。要始终相信，该来的终归会来的。

4

　　生活中的故事总能被写进小说，小说中的故事总在生活里上演。

多年前，鲁迅先生就用一篇《伤逝》告诉世间女子，无论遇到什么样的情况，最重要的是独立。有独立的经济能力、有独立的思想，才能独立生存。舒婷的《致橡树》告诉女人：不能永远做一株依附在橡树上的凌霄花，因为生活时刻在变化。女人要做一株木棉，作为树的形象与他站在一起，根紧握在地下，叶相触在云里，分担寒潮、风雷、霹雳，共享雾霭、流岚、霓虹，仿佛永远分离，却又终身相依。

人生每一段时光都值得享受，让时间快进，进入到你期望的下个阶段，并不会减轻你当下的痛苦，或弥补心灵的缺失。反而更是要回到此刻，与当前正在进行的时刻同步，凝视这样的自己，凝视这些不和谐的问题。而这些问题正是一把钥匙，引导你用不同的眼光看待自己，开启进入人生下一个阶段的那道门。

能亲吻时尽量不要说话

最合适的感情永远都不是以爱的名义互相折磨，而是彼此陪伴，成为对方的太阳。能沟通时尽量不要吵架，能亲吻时尽量不要说话，能拥抱时尽量不要赌气，能恋爱时尽量不要分手。

1

23岁的阿玲，喜欢上了一个比她大6岁的男人，阿吴。

阿吴是公司的运营部经理，而她是他的助理。他们每天一起上班、一起下班，久而久之就产生了感情，发展成了恋人。

阿玲说："我就喜欢阿吴这样的成熟男人，温润如玉、不失干劲，举手投足间尽显高贵气质。"

闺密说："你一定是被霸道总裁类小说给荼毒了，要不然怎么连口味都变了？"

阿玲却不理会。

当时阿玲和阿吴的恋情并不被家里人看好，但阿玲还是坚持己见，闹着非要和他谈恋爱，家里人拿她没办法，索性睁一只眼闭一只眼成全了她。

他们谈了一年多，刚好一个24岁，一个30岁，朋友们都以为他们可以携手走下去，可故事就在这里发生了一个戏剧性的转折。

有一天，阿玲把闺密约出去吃饭，吃到一半，她突然非常平静地说："我和阿吴已经和平分手了。"

闺密很惊讶地问道："阿吴不就是你喜欢的那种类型吗？"

她淡淡地回答："是啊，可我感觉，我好像和他不合适。"

阿玲说，阿吴很忙，他把心思都放在了工作上，天天不是开会就是应酬，下了班也不忘和客户、老板联络感情。有时候，她想和他打个电话聊聊天，可他却总聊不了几句就说自己困了、累了、要睡了。她说她理解阿吴工作辛苦，也知道他很有能力，真的是一个特别上进的男人。可是，最关键的是，她想要的他给不了她。

她希望能有个人和她分享心情、听她倾诉。她希望在她想到某件事、听到某首歌、看到某部电视连续剧的时候，他能通过她的分享与她产生共鸣，哪怕是哭、是笑、是吵、是闹，他在她心里必须是有血、有肉、有温度的。可阿吴并不这么想，他觉得在一起了就是在一起了，那些小事完全可以忽略。他说，他每天有开不完的会、没完没了的应酬，哪还有那么多心思放在这些琐碎的小事上。

所以，阿玲和阿吴的分歧出现了。阿玲觉得她没法在精神层面上和阿吴擦出火花。阿吴却觉得，是阿玲太在意那些细节，恋爱就应该回归于平淡。

渐渐地，两人的话题越来越少，最后不得不分手。

分手的时候，阿吴对阿玲说，他觉得其实他们是有代沟的。比方说，阿玲喜欢韩国"欧巴"（韩语音译词，"哥哥"的意思），阿吴却连听都没听说过这个名字。又比方说，阿吴和阿玲聊足球，提到西班牙球员哈维的战绩，阿玲一脸听不懂的样子。

她想要的他给不了，同样，他想要的她也给不了。

要知道，谈恋爱这种事情不是靠最初的感觉或是激情去维持的，而是靠点点滴滴的相处，靠各种各样的细节积累起来的。这相处里面就包括了精神层面的交流和沟通。很多人以为，靠物质维系起来的感情就一定是稳固的，其实不然，缺少了精神层面的沟通，就相当于一个人缺少了精气神，时间一长必定萎靡不振，最终夭折。

2

菲菲在大二的时候认识了西安科技大学的一名校草，叫欧阳。两人一见钟情，迅速坠入爱河。

他俩恋情的开始就像许多小说里写的一样美好。他骑着单车带她去看夕阳，她坐在他身后轻轻环住他的腰。他扛着一个单反和她穷游了十几个城市，他把她的照片挂满了整整一面墙。他说他钟情于摄影，以前一直拍静物，后来喜欢拍她。

那时候菲菲特别喜欢欧阳。她说，她从来没见过这么浪漫的男人。她还说，此生非他不嫁。

可毕业的时候，他们却分手了。

闺密一直不明白他们为什么分手，直到今年年初收到菲菲的结婚请帖，闺密见到菲菲说起这事，她才打开了话匣子。

菲菲说："你知道吗，我和欧阳不合适。"

菲菲还说，欧阳是个很强势的人，多疑、敏感。他喜欢翻看她的手机，查她在网上的聊天记录。他还喜欢说教，一旦她犯了点错，他就老揪住不放。他觉得他说的话是建议的性质，可她却认为她不需要他的意见。她不接受，他就喋喋不休。他觉得她太倔强，不听他的、不尊重他。她却觉得他自私、霸道、控制欲太强。

他们恋爱的第二年，半月一小吵，两月一大吵，几乎就快要崩溃。吵得最凶的一次，欧阳竟然动手打了她。

闺密震惊了："再怎么样男人都不该动手打女人啊！"

"是啊。"菲菲说，"他朝我背上狠狠地捶了一拳，痛了我三天三夜，连着心。我向他提出了分手，当时他死活不同意，跑到我面前跪下来，求我原谅，可是我知道，就在他打我的那一刻，我的心已经死了。"

知道菲菲和欧阳的分手原因后，闺密感慨道，以前总以为，分手时对方所说的那句"我们性格不合"只是一个借口，可后来却发现，性格不合中的"性格"不仅仅指的是双方的性格、脾气，还包括了双方的处事态度、行为习惯、生活背景、社会经历等。很多人觉得，性格不合不是问题，但问题是，真的出现问题了，性格却显得尤为重要。

两个都很强势的人，很少会在对方面前认输，必然会造成互不妥协、互不退让的局面。双方都想控制恋爱节奏，都想在恋爱中占上风，势必会在很多问题上产生冲突，引发争吵。

所幸菲菲毕业后，认识了现在的丈夫方明。菲菲说，跟他在一起，她不用担惊受怕，不用遮遮掩掩，更不用想着他会不会吃醋、生气、对她采取冷暴力等。

他喜欢她偶尔的矫情、偶尔的任性。从前那些她以为会吓跑人的缺点，他都能接受。当然，他们也会吵架。但每次争吵过后，他们就会像两根被拴住的弹簧似的，没皮没脸地跑回到彼此身旁。一个人发疯的时候，另一个人总会保持理智。

她说，他让我不再那么谦卑，从此我的世界没有了苦情和眼泪，相反，多了耐心和好脾气。我永远也不必担心，我们过了今晚就会没有明天。这大概就是合适吧。

3

你和一个人越亲密，会越多看到他的疲惫。

你爱上一个人，因为她脱俗的气质，因为他运筹帷幄的魄力。甚至会像崇拜明星一样，钟情于一个人。那时候，你觉得TA很有力量，似乎能拯救你，能带你过上你想要的生活。这种最初的崇拜，却往往会把你带进深沟。请注意，无论一个人是总统还是行业大拿，只要你成为TA亲密的人，你会看到他不为人知、不善伪装的更多面。

她工作的时候光鲜亮丽，但可能私下里非常邋遢、懒惰，常常疲倦得大脑短路；他看起来魅力十足，是社交达人，但可能回到家就疲惫得只会睡觉；他在圈子里是有名的人才，但在你的身边却十分软弱，事业上的一点儿失利都会令他心情烦躁、极易发脾气。如果你一直迷恋着TA闪耀的部分，当你发现，TA呈现给你的更多是疲惫的话，那你注定失望，而且是彻底的失望。

你若只爱TA的精彩，那你还不爱TA。假若你也尊重TA的疲惫，就像尊重自己的，你会获得长久的爱情，走入更精彩的人生，而非落入坟墓。

刚爱上一个人时，那时的爱情并不是爱情的常态，而是爱情的初始亢奋态。如果你认定爱情就一直是这样了，那你是看错了爱的本质。你每天还在变化呢，为什么爱情就不会变化？14~30岁是你的亢奋态；30~70岁才是你的常态。其实从年龄段就可以知道，自己现在基本处于哪个状态，爱情也是一样。

很多放弃爱情的，大都是因为要求爱情一直亢奋，不接受它的常态。

你还要求什么呢？

有个人愿意用很多的时间和你待在一起，即使他是看着自己的书、玩着自己的游戏，但这就是爱情。你也可以看自己的书、玩自己的游戏。接纳了这样彼此相伴又有相对独立空间的状态，你们才能有机会拥有未来N年精彩的瞬间。

4

年轻的时候，总以为两个人在一起只要互相喜欢就好，年龄大一点才明白，光有喜欢而不去改变有什么用？只想着征服，只想着对方能成为自己心目当中的样子，最后是修不成正果的。

很多人在分手后都喜欢逃避责任，把错往前任身上推，但既然当初下定决心要在一起，就应当拿出点相应的觉悟来，男人多一点关心、包容，女人多一点温柔、体谅。

你可以有你的事业，你可以工作很忙，但请记得回家后给你爱的人一个吻，告诉她你很想她；你可以很霸道，你可以很倔强，但请不要把你的坏脾气当作武器，去伤害与你最亲密的人。

最合适的感情永远都不是以爱的名义互相折磨，而是彼此陪伴，成为对方的太阳。

门当户对很重要，用心相处更重要。试着去为对方做出一点改变吧，让自己变成一个温暖、温和的人。你要明白，每一次相遇都是奇迹，所以，你要好好珍惜。没有人有义务永远站在原地一直等你，能够等你的都是爱你的人。不要因为一些琐事忽略了对方的感受，等到哪天TA头也不回地离开，你再去挽留，一切就都来不及了。

愿你能够找到那样一个人，或许TA不是最合适的，但TA却愿意为你改变。

愿你们能够相互陪伴，成为彼此生命中的太阳，照亮今后灿烂的人生。

第四章

我就是喜欢这个"不公平"的世界

　　拿到一手"烂牌"的时候，有时候真不想玩了，可是我们的人生还是要走下去的。

　　无论命运赋予我们怎样的能力、天赋、处境，只要用心去"打"，结局不会太差。牌技说穿了也很简单，接受不能改变的，改变能改变的。

有什么样的眼光，就有什么样的世界

生活是多色彩、多层面的，不必事事都有个所以然，如果你缺少热情和积极的眼光，那么，你的心里就会只有苦涩、忧伤和痛苦。

1

有这么一件事情可以作为论据。

吃葡萄时悲观者从大颗的开始吃，心里充满了失望，因为他所吃的每一颗都比上一颗小，而乐观者则从小颗的开始吃，心里充满了快乐，因为他所吃的每一颗都比上一颗大。

于是，悲观者决定学着乐观者的吃法吃葡萄，但还是快乐不起来，因为在他看来他吃到的每一颗都是最小的一颗。

乐观者也想换种吃法，他从大颗的开始吃，依旧感觉良好，因为在他看来他吃到的每一颗都是最大的。

悲观者的眼光与乐观者的眼光截然不同，悲观者看到的都令他失望，而乐观者看到的都令他快乐。如果你是那个悲观者的话，不妨不用换吃法，而是换种眼光吧。

2

　　有这样一个笑话，一位年近古稀的农夫说："我的力气和壮年时一样大！"别人都惊疑地看着他，他进一步解释："想想那块大石头，我壮年时抬不动，现在还是抬不动。"

　　不要以为你没有达到某个目标，就觉得某些事物一直没有改变，其实它一直在变，只是你的眼光让你没有察觉到而已。

　　也许是你看待事物所选的参照物也在变化，所以你才忽略了变化，不要因此而产生悲观的情绪，这反而会损害"视力"。

　　一位病人找到眼科大夫："医生，我不能念报纸了。"医生给他检查以后安慰他："没关系，你的眼睛近视了，配一副眼镜就可以解决问题。"病人惊喜地问："真的吗？我配眼镜以后就可以念报纸了？"医生笑着肯定。病人戴上配的眼镜拿起一张报纸来。"医生，我还是不能念。"医生奇怪地又仔细检查了病人的眼睛："不可能呀？你真的只是近视而已。"病人回答："可是我不识字。"

　　所以有时是你自己没有区分"看不懂"与"看不见"之间的区别。

　　你的目光放在哪里，你的注意力就会集中在哪里，所以，慎重选择你注视的方向。

3

生活中常常有这样的现象：有些"才能出众"的人，由于受不了世俗的冷眼和偏见，甘愿"随波逐流"，也不肯"出头""冒尖"；也有一些较为"愚钝"的人，由于受到某些人的鄙视，产生"破罐子破摔"的念头；一对曾经形影不离的好朋友，突然某一日反目成仇，从此形同陌路……

其实，事业成功并不一定只是拥有雄厚实力，手下员工成百上千，呼风唤雨。对一个主妇来说，经营的家庭幸福美满何尝不是事业成功？对一位教师来说，桃李满天下的满园缤纷何尝不是事业成功？

一个人在社会中，要想在事业上取得成就、有一定的贡献，那就不能有"明知不可为而为之"的顽固想法。既然不可为、无法做，或者做不到，那就早点觉悟，立即止步，这样才不至于浪费你的时间、精力、感情，避免出现到了最后两手空空的结局。

命运对每个人来说，都是一个需要用一生时间去解答的问题。眼光决定你的世界，这一点儿也不过分。拥有什么样的眼光，就拥有什么样的人生。

你眼光独特，必然会获得成功；

你眼界狭窄，必然会把自己带进死胡同；

你眼光散漫，人生也会变得散漫与空虚；

总之，你想拥有什么样的世界，也就需要什么样的眼光。

生活是多层次、多角度的，眼光，也是可以凭自己努力改变的。

当你遇到问题不能解决时，不要抱怨，不要焦虑，不妨换个角度，用另一种眼光，去审视问题。也许，你会有新的收获和感悟。

要怎么做，才有情趣

世上"有味"之事很多，包括了诗、酒、哲学、爱情，等等，也许很多人认为这些没什么用，更倾向于"有钱能使鬼推磨"，甚至有人还会拿出"百无一用是书生"的论调。但纵观历史，吟无用之诗、醉无用之酒、读无用之书、钟无用之情的人，反而活得有滋有味，打造了精彩的人生。

1

很多人问："情趣从哪里来？我要怎么做才有情趣？"

很多人会说："没钱还玩什么情趣？"

亨利·梭罗说过："我们来到这个世上，就有理由享受生活的快乐。"当然，享受生活并不需要太多的物质支持，因为无论是穷人还是富人，他们在对幸福的感受方面并没有很大的区别，很多途径都能培养生活的情趣，比如摄影、收藏等业余爱好。

生活的艺术可以用许多方式表现出来，没有任何东西可以被不屑一顾，没有任何一件小事可以被忽略。一次家庭聚会、一件普通得不能再普通的家务都可以为生活带来无穷的乐趣与活力。

小张是一个大三的穷学生，她对一个男生有好感，那个男生也对她有好感，但同时对另一个家境很好的女生感觉也不错。在男生眼里，她们都很优秀，他不知道应该选谁做妻子。

有一次，男生到小张家玩，她的房间非常简陋，没什么像样的家具。但是，当他走到窗边时，发现窗台上放了一瓶花——瓶子只是一个普通的水杯，花是从田野里采来的野花。

就在那一瞬，男生下定了决心，选择小张作为自己的终身伴侣。

促使他下这个决心的理由很简单，小张虽然穷，却是个懂得如何生活的人，将来无论他们遇到什么困难，他相信她都不会对生活失去信心。

小白喜欢时尚，爱穿与众不同的衣服。在别人眼里她是令人羡慕的白领，但她却很少买特别高档的时装。她自己到布店买一些不算贵但非常别致的料子，自己设计衣服的样式，并找了一个手艺不错的裁缝制衣。在一次清理旧东西时，一床旧的缎子被面引起了她的兴趣——这么漂亮的被面扔了怪可惜的，不如将它送到裁缝那里做一件中式时装。想不到衣服效果出奇的好，她的"中式情结"由此一发而不可收：她用小碎花的旧被套做了一件立领带盘扣的风衣；她买了一块红缎子稍作加工，配在她那件平淡无奇的黑长裙上，就让裙子大为出彩……

小王是个普通的职员，她常和同事说笑道："如果我将来有了钱……"同事以为她一定会说买房子、买车子，而她的回答是："我就每天买一束鲜花回家！"不是她现在买不起，而是她觉得按目前的收入，到花店买花有些奢侈。有一天她走过人行天桥，看见一个乡下人在卖花，他身边的塑料桶里放着好几把康乃馨，她不由得停了下来。这些花一把才5元，如果是在花店，起码要15元，她毫不犹豫地掏钱买了一把。这把从天桥上买回来的康乃馨，在她的精心呵护下开了一个月。每隔两三天，她就为花换一次水，再放一粒维生素C，据说这样可以让鲜花开放的时间更长一些。每当她和孩子一起做这一切的时候，她都觉得特别开心。

2

生活可以很平凡、很简单，但是不可以缺少情趣。一个懂得幸福生活的人可以从做家务、教育孩子、为爱人买情人节礼物等平凡的生活细节中体会到生活的快乐。一个很富有的人的生活不一定有乐趣，一个很贫困的人也能把自己的小日子过得有滋有味。

一位得知自己不久于人世的老先生，在日记簿上记下了这样一段文字：

　　如果我可以从头活一次，我要尝试更多的错误，我不会再事事追求完美。

　　我情愿多休息，随遇而安，处世糊涂一点儿，不对将要发生的事处心积虑地计算。其实，人世间有什么事情需要斤斤计较呢？

　　可以的话，我会多去旅行，跋山涉水，再危险的地方也要去一去。以前不敢吃冰激凌，是怕不利于身体健康，此刻我是多么后悔。过去的日子，我实在活得太小心，每一分、每一秒都不容有失，活得太过清醒、明白，太过合情合理。

　　如果一切可以重新开始，我会什么也不准备就上街，甚至连纸巾也不带一张，我会放纵地享受每一分、每一秒；如果可以重来，我会赤足走出户外，甚至彻夜不眠，用自己的身体好好地感受世界的美丽与和谐。还有，我会去游乐场多玩几次木马，多看几次日出，和公园里的小朋友玩耍。

　　只要人生可以从头开始。但我知道，不可能了。

　　生活本是丰富多彩的，除了工作、学习、赚钱、求名外，还有许许多多的美好值得我们去享受：可口的饭菜、温馨的家庭生活、蓝天白云、红花绿草、飞溅的瀑布、浩瀚的大海、雪山与草原，等等。

　　只要你有心，一碗米饭，一块面包，皆是生活的情趣。

　　一个6岁的小女孩问妈妈："花儿会说话吗？"

　　"噢，孩子，花儿如果不会说话，春天该多么寂寞，谁还会对春天满心期待呢？"小女孩满意地笑了。

　　小女孩长到16岁，问爸爸："天上的星星会说话吗？"

"孩子，星星若能说话，天上就会一片嘈杂，谁还会向往天堂静谧的乐园呢？"小女孩又满意地笑了。

女孩长到26岁，已是个成熟的女性了。

一天，她悄悄地问做外交官的丈夫："昨晚宴会，我表现得合适吗？"

"棒极了！"外交官露出欣赏和自豪之情，"你说话的时候，像叮咚的泉水、悠扬的乐曲，虽千言而不繁；你静处的时候，似浮香的荷、优雅的鹤，虽静音而传千言，能告诉我你是怎样修炼的吗？"

妻子笑了："6岁时，我从当教师的妈妈那儿学会了和大自然对话；16岁时，我从当作家的爸爸那儿学会了和心灵对话。在见到你之前，我从哲学家、史学家、音乐家、艺术家、农民、工人、老人、孩子那里学会了和生活对话。亲爱的，我还从你那里得到了思想、智慧、胆量与爱！"

在喧嚣、平淡的日子里心如止水，在粗茶淡饭里咀嚼生活的味道。拥有一颗平常的心，简简单单地过日子。日久天长，在这平淡之间，你会发现，平淡并不意味着枯燥，其中蕴藏着大量的惊喜和难忘的奇迹。

3

著名的山水诗人谢灵运，一生醉心于山水诗的研究与创作，崇尚生命的恬静安然，他在仕途坎坷之中，常有醒悟，也用"真性情"磨炼过自己，终于成为中国历史上著名的"山水诗鼻祖"。

田园诗人陶渊明，不愿做官，不肯为五斗米折腰，用诗书打点自己的一生。"不戚戚于贫贱，不汲汲于富贵"，吟"无用之诗"，醉"无用之酒"，读"无用之书"，一生写了大量的"饮酒诗""咏怀诗""田园诗"，因而成为古典诗词的典范。

一个优雅快乐的人，会感受生活，会品味生活中每时每刻的内容。虽然享受生活必须有一定的物质基础，努力地工作和学习，创造财富，发展经济，这当然是正经的事。但是，劳作本身不是人生的目的，人生的目的是"生活得写意"。一方面勤奋工作，另一方面使生活充满乐趣，这才是和谐的人生。

享受生活，并非花天酒地，或过懒人的生活。享受生活，是要努力去丰富生活的内容，努力去提升生活的质量。愉快地工作，也愉快地休闲。散步、登山、滑雪、垂钓，或是坐在草地、海滩上晒太阳。人们在做这一切时，会使杂务中断，使烦忧消散，使灵性回归，使亲伦重现。

用乔治·吉辛的话说，是过一种"灵魂修养的生活"。

自由，就是自行选择你的人生态度

纳粹德国某集中营的一位幸存者维克托·弗兰克尔说过：在任何特定的环境中，人们还有一种最后的自由，那就是选择自己的态度。

1

人在个体上存在差别——体力有强弱之别，智力有高低之分。在激烈的社会竞争中，难免会产生强弱。在这种有形无形的划分中，我们也有意无意地把自己摆放在一个特定的等级上，这样，难免就会有人自信，有人自卑。

难道强弱真的就这样一成不变吗？

一匹掉队的斑马不安地四处张望着。一只饿了一天的狮子发现了这匹斑马，于是它借着草丛的掩护，潜行到了斑马后面。斑马还没有发现，狮子突然闪电般地蹿出去，冲向那匹斑马，斑马这时才知道危险临近，它本能地闪躲狮子的攻击。

　　狮子第一回合扑了个空，转身再度扑去，斑马拔腿狂奔，闪进一处灌木丛里。在灌木丛里追逐猎物不是狮子所长，它在外面搜寻了一会儿，低吼几声，蹒跚地回到原来的土丘上。

　　和狮子比起来，斑马是弱者。除斑马之外，草原上还有许多弱者，可是，这些弱者至今仍然存在。可见，在动物的世界里，没有绝对的强者和弱者，强弱只是相对的。这是一种生态平衡，也可以这么说，在动物世界里，弱者也有属于自己的一片天空！

　　在人的世界里，也没有绝对的弱者。在田径场上，跑得快的便是强者；在考场上，分数高的便是强者！可是，田径场上的强者并不一定是考场上的强者，考场上的强者也不一定是商场上的强者！因此，所谓的"优胜劣汰"描述的只是一部分现实，这句话并不是真理，如果错误地理解它，那么自认为"弱者"的人就一辈子没有出头之日了。

2

　　1946年，一个名不见经传的汽车小厂"丰田"开始立下壮志，制订了向当时的汽车王国——美国挑战的计划。作为战败国的日本，其"丰田"公司在资金上、技术上还不能与实力雄厚的美国汽车大公司相比，而且在1949年以前，驻日本盟军司令部还禁止日本制造汽车，但这些都没有阻止日本人向美国汽车挑战的雄心。30年后，日本"丰田"汽车也成了世界上家喻户晓的品牌。

　　日本"尼康"公司原是生产军用望远镜的军工企业，日本战败后不得不"军转民"，开始转产民用照相机。当时世界上的照相机王国是德国，"尼康"公司就把自己的产品定位于赶超德国照相机。30年后，日本照相机击败德国照相机，可以说，现在世界上的高档照相机有90%都是日本产品。曾经，世界上的手表王国是瑞士，日本的"精工"等公司又把产品目标放在赶超瑞士手表上，后来日本成为世界第一手表生产国。

当遭遇挫折或者失败的时候，弱者喜欢找比自己差或者渺小的人或事物作为参照物，以此安慰自己还不是最差的一个。强者则相反，他们会找比自己更强大的人或更优秀的事物作为参照物，以认清自己渺小和不足的地方，重新找到自己的方向并振作起来。

3

有一个小男孩，刚出生就被父母遗弃了，一直生活在孤儿院里。他非常悲观，总是无精打采地问院长："院长，人活着究竟有什么意思？"院长总是笑而不答。

有一天，院长交给小男孩一块石头，说："明天早上，你拿着这块石头到菜市场上去卖，但是，无论别人出多少钱，你都不卖。"

第二天，小男孩拿着石头来到市场上，找了一个角落蹲下来。过了没多久，就有不少人对他的石头感兴趣。第一个人说："小孩，3个金币卖不卖？"

另一个人则说："我出5个金币！"又有人大喊："卖给我，我愿意出10个金币！"价钱越抬越高，小男孩其实已经心动了，10个金币对他来说是多大的一笔财富啊！可是，小男孩牢牢记着院长的话，怎么也不肯卖。

回来后，小男孩兴奋地向院长报告了这天的事情，院长说：

"明天你再拿到黄金市场去卖。"

第三天，在黄金市场上，有人竟然肯出比昨天高10倍的价钱来买这块石头。小男孩还是没有卖。

第四天，院长叫小男孩把石头拿到珠宝市场上去展示。结果，石头的身价又涨了10倍，而且由于小男孩怎么都不肯卖，一传十，十传百，石头竟被传为"稀世珍宝"。

最后，小男孩兴冲冲地捧着石头回到孤儿院，把这一切都告诉了院长，小男孩疑惑地问院长："为什么会这样呢？它只是一块很普通的石头啊！"这回院长没有笑，他望着孩子慢慢说道："孩子，其实生命的价值就像这块石头一样，在不同的环境下就会有不同的意义。这块不起眼的石头，仅仅由于你的珍惜而提升了价值，竟被传为稀世珍宝。你不就像这块石头一样吗？只要你自己看重自己、珍惜自己，你的生命就是有意义的，你活着就是有价值的。"

刘墉先生说过：虽然不是每个人都可以成为伟人，但每个人都可以成为内心强大的人。内心的强大，能够稀释一切痛苦和哀愁；内心的强大，能够有效弥补你外在的不足；内心的强大，能够让你无所畏惧地走在大路上，感到自己的思想高过所有的建筑和山峰！

在社会生活中，实力最强的不一定是生存能力最强的。只要存在竞争和无数的竞争对手，实力最强的也可能最先消亡，而实力最弱的如果能够觅得良机，也极有可能获得最终的胜利。在职业生涯中，能力优者也未必就会成就事业，因为其面临的竞争更多，在不断的反复博弈中，最终可能会由于其他原因败下阵来。

而能力弱者如果能潜心修炼，也有可能获得最后的成功。

　　一种商品的价值是通过它的价格体现的，而人的价值却是由态度决定的。用积极的态度肯定自己，你就会拥有积极的人生；用消极的态度否定自己，你最终只能拥有消极的人生。

我喜欢这个不公平的世界

　　这个世界并不是一个个方方正正的黑白分明的格子，怎么可能什么都一样呢？但是你不能让世界的不公侵蚀了你自己的内心，自己能去争取的东西，不会因为别人拥有了多少而改变它的价值。

1

　　轩轩上学期间不好好学习，整个高中都在玩，好不容易上了个三本，又觉得自己不适合读书，便自作主张退了学，和别人一起做小生意。也许是运气，生意做得越来越大，现在住在城市里，有房、有车、有老婆孩子，生活幸福。

　　小学同学盼儿觉得很不公平，她说："我认真读书，考大学、考研究生，进了外企公司后每天累死累活、早起贪黑，拿的这点工资竟然还不够买轩轩老婆一个包的。"

有的人虽坐在图书馆也并没有在学习，有的人哪怕在食堂都认认真真地在学习。

于是你说，我和他上一样的课，为什么人家成绩好？想必他一定是天赋过人、天资聪颖，或者会魔法吧？

会魔法是调侃。真有魔法，也不会让你在网上免费看到呢。

有的人说："我就是懒啊！其他真的不比别人差。"懒是一个很好的托词，说得好像勤快了就真能干出什么大事儿一样。

有的人说："伯乐还没出现，还没到可以展现我能力的时候呢。"错了，伯乐早就出现了，只不过人家是真的看不上你。

还有的人说："我肯定是还不成熟，成熟了就好了。"其实你已经成熟了，你成熟起来就这样。有的人抱怨自己一个月早起苦干，工资却少得可怜；还有人抱怨自己每天6点起床挤地铁；有人抱怨房租太贵、工资太低，等等。

当你们抱怨这个世界的不公平时，这个世界上有连学费都交不起的学生，有得了重病却拿不出手术费在家等死的人，还有出生时先天畸形、父母早亡、智力缺陷的人……

这时候你为什么看不到这个世界的不公平呢？

就算你最讨厌富二代，可能心里骂了一万句不公平，可别人长辈努力了几辈子，难道还不能为子孙留下一点儿财富吗？

2

这个世界，虽然不是每个人生来就是公平的，但是已经有很多事情，在公平的范围内，是可以通过努力来达到的。

这个世界虽然不公，但是它创造了一个规则，那就是：我尽力，依然可以比那些和我同样水平却不努力的人过得更好。

其实，你应该感谢这个世界的规则，社会并不残酷，只是不偏袒你而已，只是把你打回原形，告诉你这个世界是存在不平等的；只是告诉你大多数情况下，事实是什么样子而已，世界本就是不公平的。

一位年轻貌美的女孩，朵拉，在一个网上论坛金融板块上发表了一个帖子，题目是："我怎样才能嫁给有钱人？"

这位叫朵拉的女孩这样写道："我说的都是实话，我今年25岁，天使面孔、魔鬼身材，十分有品位，谈吐也不错。我想嫁给一个年薪50万美元以上的男人，我想我有这个资本。其实这个要求不高，在纽约年薪100万美元才算是中产阶级。这里有年薪超过50万美元的人吗？结婚了吗？我特别想知道如何才能嫁给你们这样的有钱人。我约会过的人中，最有钱的年薪25万美元，这似乎是我的底限。我想要住进纽约中央公园以西的高档住宅区，这只有年薪达到50万美元的男人才能做得到。所以我有几个问题想要请教：第一，那些黄金王老五一般都在哪里消磨时光？第二，您觉得我把目标定在哪个年龄段比较有希望？第三，为什么有些相貌一般、身材一般的女人却能幸运地嫁给大富翁？这不公平。"

一位华尔街金融家看到后，这样回帖，"亲爱的朵拉：我看了贵帖，相信很多女士和您有着同样的疑问。恰好我是一个投资专家，可以从一个投资专家的角度对您的处境做一个分析。请放心，我不是在浪费大家的宝贵时间，我年薪超过50万美元，算得上您眼中的有钱人，符合您对伴侣的要求。"

这位热心的投资专家是这样解释的："从投资角度来看，选择跟您结婚是个失败的经营决策。道理很明显，简单来说吧，您的要求其实是一桩'财'和'貌'的交易，您提供迷人的外表，我出钱，确实是公平交易。但是，有一个问题很致命，随着时间的流逝，我的钱不但不会减少，反而会逐年递增，但您却不可能一年比一年漂亮，您的美貌会很快消逝。因此，从投资的角度讲，我是增值资产，您是贬值资产，而且贬值得很快！如果容貌是您仅有的资产，那10年之后我肯定亏损严重！投资中有'交易仓位'的术语，就是说一旦某种物资价值下跌就要立即抛售，而不宜长期持有，也就是您想要的婚姻。对于一件会加速贬值的物资，作为一个投资专家、一个年薪超过50万美元的人应该不会很傻，应该选择暂时持有，也就是租赁，而不是买入。因此，我只会跟您交往，而不会跟您结婚。所以，我奉劝您不要总是想着如何嫁给有钱人，有钱的傻瓜不太好找，您不如想办法把自己变成年薪50万美元的人，这样胜算还比较大。我的回答对您有帮助吗？顺便说一句，如果您对'租赁'感兴趣，可以联系我。"

哲人说过："如果要绝对的公平，一分钟都不能生存。"

所以说，公平是相对的，朵拉与投资专家所认为的公平是完全不相同的。也就是说，你认为的公平对我来说不一定是公平，只有两人都认同的才算得上公平。可是两人达成共识的概率很小，因为人们常常都是从自身利益出发来考虑问题。

3

每个人都能说出一大堆自己遇到的不公平的事，比如，仅江浙沪包邮，不公平。学生时代你还能享受"谁努力谁考得好"的公平，而只要一踏入社会开始工作，以前的规则便被"粉碎"了。

放眼周围，比你有钱、比你有能力的人，数都数不过来。此时的你，想想过去只需要好好读书，就可以在父母的保护下无忧无虑地生活，怎么会不产生落差呢？

如果你一开始就无法接受这个世界给你的规则，那么你就永远只配做个爱抱怨的弱者。

不要问，不要等，不要犹豫，不要回头。上帝喜欢勇者，喜欢直面现实的勇士，现实的黑暗自有存在的合理性，你要承认接受，更要逆流而上，要尽可能地去改变不公平的事实，要以平常心、进取心对待生活，不公平也就消失得无影无踪。

总有人比你成绩好，总有人过得比你光鲜，这些都和你没有一分钱的关系——你想要的，才是最重要的，你要努力去得到它。

在世界上每个人都只是一个小人物，但这并不妨碍选择用什么样的方式活下去。你可以看透了生活的无奈，但依然还是选择不敷衍、充满热情地生活。积极生活、努力做事是对自己最好的交代，但太多的人习惯在还没有努力的时候，就断言这个世界的不公。然而，这个世界没有那么残酷，它只是不偏袒你而已。

别妄想了，谁的压力都不可能消失

歌德说："大自然把人们困在黑暗之中，迫使人们永远向往光明。"既然压力人人都有，无法完全消除，那么，不妨利用压力来改变生活，创造出一个自己想要的结果。

1

很多成年人都爱说：要是我们永远不长大，做一个单纯懵懂的孩子，不用承担来自事业、情感、家庭、社会的压力，生活一定很甜蜜和轻松，世界一定很美好！

其实，这样的说法是有很多破绽的——因为压力本来就是无所不在的，从一个人出生开始，压力就如影随形。即使作为一个孩子，虽然没有生计的烦恼，却也要熟悉这个新世界，也会有各种各样莫名其妙的需求及需求无法得到满足的失落。

等到稍大一点儿，孩子又会因为复杂的社会因素，与他人进行比较、竞争，形成实际的压力。

等到再大一点儿，只要孩子对生活有了较为明确的目标和要求，就必须承受一份来自环境、体系、制度的压力。但是，因为孩子天性中具备接受新鲜事物的特质，所以他们大多能很快消除压力带来的不适，进而放松、沉着地应对挑战。

压力有大有小，你把它看得重，它就重；你把它看得轻，它就轻。与孩子的善于遗忘和善于学习相比，成年人由于太依赖习惯和常规，对压力的态度就显得不那么友好！

然而，适当的压力对人来说，绝对是不可缺少的清醒剂。它让你不畏惧困难，懂得思考如何打破旧的格局、如何进入新的局面，甚至让你萌发自信和勇气，这些都是帮助你将来获得幸福的有利条件。任何人都要接受压力的挑战。

2

著名的凯撒从一个没落贵族到荣升为罗马最高统帅，建立起庞大的帝国，每个时期他都肩负沉重压力，并跨越重重险阻，最终才收获成功。

凯撒19岁时，家族权威人士从集团利益出发，要求他放弃原来的婚约，与当权派人家的女儿攀亲，甚至不惜使出各种手段进行胁迫。然而面对压顶的阻力，凯撒毫不退缩，坚持自己的主张，甘愿让个人财产和妻子的嫁妆被没收，并上演了一场出逃完婚的剧目，为自己赢得了信守诺言的美誉，这也是后来将士们愿意追随他的重要原因之一。

当凯撒抗击了第一个巨大压力后，他又足足用了38年的时间，一步一步从军营、战场、走向政坛，而在这一过程中，他时刻都要对抗难以计数的压力。在与压力抗衡的过程中，凯撒没有浪费时间去烦恼，而是把越来越沉重的压力变成动力，不断挖掘自己的各种优势，包括发挥军事才能，并利用自己机智的谈吐以及坚毅的心志博得大家的尊重，彻底扫除拦在成功前面的障碍。

美国总统华盛顿说：一切和谐与平衡、健康与健美、成功与幸福，都是由乐观与希望的向上心理产生的。不因压力而放弃既定的目标，这是凯撒取得辉煌成就的原因之一。

明知道压力不可能消失，还整天妄想没有压力的生活，这无疑是给自己心里添愁。

3

遭遇压力时最聪明的做法就是赶紧跳出来，分析自己的压力来源，思考如何将压力转变成有效的动力。

压力太大，容易让人一蹶不振；压力太小，容易让人滋生惰性。

适度的压力，不仅能让人保持清醒和活力，还能让人产生自我认同的心理。

拿拳击比赛来说，有经验的教练都会帮选手挑选实力差不多、刚好可以刺激选手斗志的陪练进行训练，让选手可以在每一次比试中慢慢地进步。因为有外来的刺激，选手们不会停滞不前，也不会盲目自信，如此他们才能通过不断克服压力，逐渐提升自己的实力。

20世纪伟大的喜剧演员卓别林出生于演员世家，父母因感情不和而离异。

一次，小卓别林的母亲在演唱时遭到观众喝倒彩，小卓别林却意外地被带到台上代替母亲继续演出。没想到，卓别林虽然是初次表演，却十分冷静，他故意装出和母亲一样的沙哑歌喉来演唱，最后竟意外得到了观众的认可，赢得热烈的掌声。

从那以后，尽管生活还是无比艰难，但卓别林却认识到自己在舞台上的魅力，他忘记了那些贫苦、抱怨，认真学习表演的技巧。

1925年，卓别林完成了描写19世纪末美国发生的淘金狂潮长片《淘金记》，奠定了他在艺术界的地位。但是压力并不因为成功的到来而却步，由于有声电影兴起，传统的默片逐渐被取代，卓别林的日子又逐渐变得非常难熬，不仅要面对事业的没落，还要承受母亲去世的悲伤，还有和妻子沸沸扬扬的离婚案，以及电影《城市之光》的停停拍拍及放映权的谈判……重重压力下，一贯以喜剧角色出现在世人面前的卓别林仿佛苍老了20岁，一缕缕白发悄悄渗出。

当卓别林有一天突然意识到自己的颓丧时，他决定放下压力，横渡大西洋，展开一次欧亚之旅，既是散心，又可以趁机为新片做宣传和吸收新知识。

卓别林用了很长一段时间才让自己在压力中恢复了工作激情，最后他终于重拾风采，带着《摩登时代》出现在人们面前，并获得了巨大的成功。

每个人在每个时期都会有压力。压力来临的时候，千万不要退缩、回避，而是应该认真地接受它，找到改善的方法，如此才能把因为情绪所产生的不必要的压力统统释放！

用勇气和智慧去正视压力，压力就会变小，事态也会渐渐朝好的方向发展，这就是眼前的大成功。

第五章

嘿，你一定有办法帮我搞定这件事

社会是很复杂的大环境，人的类型很多，一个人应该怎么去面对社会、结交朋友，可不是一件容易的事。一般说来，朋友可分为两种：一般朋友和真心朋友。

进一步说则有：点头之交、玩乐之交、默契之交、道义之交、生死之交……不管是哪种程度、哪种境界的朋友，都会对你有某种程度、某种境界的提高和帮助。

别人我不知道，你，我是知道的

当一个人听到别人的赞美时，心中总是非常高兴，脸上堆满笑容，口里连说："哪里，我没那么好，你真是很会讲话！"即使事后回想，明知对方所讲的可能是恭维话，却还是没法抹去心中的那份喜悦。

因为，爱听溢美之词是人的天性，有虚荣心是人性的弱点。当你听到对方的吹捧和赞扬时，心中会产生一种莫大的优越感和满足感，自然也就会高高兴兴地听取对方的建议。

1

某人到私人商摊处买衣服，在试衣时，卖主惊叹道："啊！真漂亮！穿起来非常合身，朴素、大方、有风度。你比以前年轻了好几岁。"那个人听了非常高兴，本来只是逛逛，却把衣服买回了家。

要想在办事时求人顺利，首先就要强化自我主观意识，尽快地养成随时都能赞美别人的习惯。俗话说："习惯成自然。"当赞美别人已经变成你的习惯时，你的办事能力就会相应提高。

对上级来说也是如此，你求他办事儿，赞美他是理所当然的。你赞美了他，他也会反过来重视你，得到恭维的人是不会放着对方的难题不管的。

赞美是人际交往的助推器，好好地运用它，一定会令你事半功倍。因为每个人在内心都有一种"被承认"的欲望，都希望得到他人的肯定，他人的肯定能提高自己的积极性。当一个人自认为这件事非他不能办成时，那么他就会尽最大的努力去办，当他办成之后会有很大的成就感；反之，当他对自己不以为然的时候，他做事就会消极被动，即使成功了也没有多大的喜悦。

如果能够利用这种心理，就能够激发人们办事的热情。那么，具体如何去激发呢？当然是给对方积极的暗示，暗示某件事非他不可。

2

"别人我不知道，你，我是知道的。你一定有办法帮我搞定这件事。"即使是很难办成的事，因为你这句话，对方也会努力去做，不让你失望。而且你的鼓励也能激发对方的潜能。

有时候，别人会以忙为由拒绝你，如果你说："我当然知道你很忙，就是因为你很忙，我才放心让你帮忙。"对方可能会转变对你的态度。

李想毕业两年了，在一家公司做销售员。有一次，他参加了公司组织的拓展训练。

在那次训练中，有一项任务给他留下了深刻的印象。培训师以组为单位，把参加训练的业务人员分为3组，给他们一项任务，让他们在上海某条繁华的街道上，以各种合理的方法，向路人"要钱"。3天的时间，看谁最终获得的钱最多，以此为标准评出最优秀的团队，以及最优秀的个人。这项任务主要训练个人心理素质、团队合作精神以及与他人的沟通能力等。

李想虽然做了两年的销售，但是面子很薄。在大庭广众之下向他人"乞讨"，这还是第一次。所以，第一天，他几乎是无功而返。第二天他硬着头皮找路人，并向路人说明，自己在参加拓展训练，要完成一项任务，需要好心人配合自己，多少给他几块钱。结果，很多路人都用怀疑的眼光看着他，有的说他骗钱，有的说他是神经病，只有极少数路人相信他。

第二天行动结束，队员们盘算成果，他们组只有一百多元，而且李想收获最少，而其他两组的收入都有几百块。这时候，李想这一组的队员已经出现了分歧，收获多的抱怨收获少的人没尽力，收获少的人抱怨培训师出了个难题。

晚饭的时候，培训师与3组成员闲聊时，问李想他们收获如何？李想不好意思地说："这个任务太'怪异'了，很不好意思向路人要钱，所以现在结果很不理想。"培训师笑着对他说："你是一个多才多艺的人，前几项任务都能出色完成，我不相信作为一个公司的销售骨干，这点儿小任务能难倒你！"说完就走了。

第三天，李想决定要力挽狂澜，他的结果一定要对得起"销售骨干"的称号。于是，他改变了之前"行乞"的方法，决定"卖艺"。培训师不是说他是个"多才多艺"的人吗？

他想，现在经常看到"卖艺"的人，都是在天桥上或地下通道里边弹吉他边唱歌，自己不会弹吉他，但是会讲笑话。为了避免与客户聊天时冷场，他积累了很多幽默小故事，这次也算是有用武之处了。他举了一个牌子，上面写着"讲笑话，送开心，每个故事3元起"。不一会儿，他就被人围得水泄不通。显然，他的创新吸引了路人。

这一天，他一个人就挣了三百多元，可谓是硕果累累。

3

有一点应当明确，赞美不等于奉承，欣赏不等于谄媚。赞美与欣赏领导的某个特点，意味着肯定这个特点。只要是优点、是长处，对集体有利，你就可以毫无顾忌地表达你的赞美之情。领导也需要从别人的评价中，了解自己的成就以及在别人心目中的地位。当受到称赞时，他的自尊心会得到满足，并对称赞者产生好感。你的聪明才智需要得到赏识，但在他面前故意显示自己，则不免有做作之嫌，领导会因此认为你是一个自大狂，恃才傲物、盛气凌人，在心理上觉得你难以相处，认为彼此间缺乏一种默契。

学会说赞美的话，当你托人办事时，你将会领悟到其中的妙用。

你认为正确的观点，别人可不这么想啊

当你不理解别人时，当你在社交方面感到苦恼时，试着站在对方的立场思考一下，或许能达到意想不到的效果。懂得换位思考的人是心胸宽广、聪明睿智的人；懂得换位思考的人会在许多事情的处理上比别人"棋先一着、技高一筹"。

1

一个小男孩去食品店买冰激凌。

他坐在桌子旁问售货员："蛋卷冰激凌多少钱一个？"

售货员回答说："75美分。"男孩开始数他手中的硬币，然后又问："小碗儿冰激凌要多少钱？"售货员不耐烦地回答道："65美分。"

男孩买了小碗儿冰激凌，吃完后就走了。当售货员收空盘子时，发现盘子里放着10美分的小费。

用希望别人对你的方式来对待别人，是将心比心；用别人期望的方式来对待别人，是善解人意，为对方着想，这是最朴素也是最高超的技巧。

在人多的场合，婴儿总是会哭，很多人并不知道这是为什么。其实只要你蹲下来，从婴儿的位置来看世界，就会发现，可能是因为婴儿没有办法看到大家的脸而只能看到腿。

为什么父母与子女之间会产生代沟，老师与学生之间交流有困难，夫妻之间会产生问题，人与人之间无法真正交心呢？就是因为这个世界是成人的、理性的、冷静的、逻辑的、自我的，不符合这类标准就会受到冷落、制止甚至打击。

换位思考在人际沟通上是非常重要的，因为不了解对方的立场、感受及想法，就无法正确地思考与回应。换位思考其实就是"理解"别人的想法、感受，从对方的角度来看事情。这需要一点好奇心，然而遗憾的是，许多人的换位思考却缺少了这个要素，他们是站在自己的位置上去猜想别人的想法及感受，或是站在一般的立场上去想别人"应该"有什么想法和感受。

很多时候，你为别人着想，但别人并不喜欢你为他所做的一切。当事情的后果不如所想象和期待时，你也许多半觉得委屈，认为"好心没好报"。那么，是别人真的不明白你的"好心"吗？

仔细分析，就会发现，这种换位思考其实只是以本位主义来了解别人的想法及感受，这并非真正地为别人着想，因为它忽略了"对方"真正的想法及感受。这种做法不尊重别人的成果，不尊重别人的能力，不尊重别人的自主权。

所以，换位思考并不难，难的是你不会放下自己的主观判断，只有真正地了解对方的心理，才能真正做到"换位思考"，也就能够采取正确的方式做正确的事。

2

卡耐基写了一本享誉世界的书《人性的弱点》，他经过广泛而深入的访问和调查，发现人性的弱点在于每个人都希望得到别人的肯定、鼓励和赞扬，而害怕批评、斥责，抵触他人对自己挑毛病、泼冷水。卡耐基说："批评、责怪就像家鸽，你放飞后，它们总会回来的。如果你我之间明天要造成一种历经数十年、直到死亡才消失的反感，只要轻轻吐出一句恶毒的评语就行了。"

因此，在开口说话前，先问一下自己：

"当我犯了过错时，我希望别人批评我吗？

——不，我希望得到原谅。

当我做得不好时，我希望别人嘲笑我吗？

——不，我希望得到鼓励。

当我遭到挫折时，我希望别人幸灾乐祸吗？

——不，我希望得到帮助。

当我情绪低落时，我希望别人冷落我吗？

——不，我希望得到安慰。

当我总是听不懂时，我希望别人觉得我烦吗？

——不，我希望得到耐心。"

那么，当别人也处在类似情景时，就做别人希望你做的事吧。

有时候自己认为正确的观点，在别人眼里未必如此。在考虑问题时，有时应该先放下自己的观点，换个角度来思考，你就会发现看待事物的方式其实不止一种。

3

换位思考，要学会宽容、学会沟通、学会合作，而换位思考的结果，就是双赢。如果时时处处都能站在别人的角度思考问题，体验他人的情感世界，就能融洽、友善地与他人相处。

虽然每个人因为性格、爱好、观念、学识、经历等不同，个人的需求也必然会千差万别，但每个人的需要又有其共性。可以把自己放在对方的角色中来考虑自己的需要，从而推断他人的想法。这是了解、洞察别人心理的一个切入点。

每个人都从心底里期望得到他人的重视、承认、尊重和赞赏。当这种心理需要得到满足时，自身就会有一种很好的感觉，心情愉快、充满信心。倘若这种需要总是遭到他人的忽视、否定，甚至被有意剥夺时，不仅会情绪低落、郁郁寡欢，有时还会因缺乏理智而出现攻击性的言行。

不管是在生活中还是在工作中，人们常常会为一些矛盾各执己见、争论不休，最后不欢而散。其中的原因，就是矛盾双方都缺乏换位思考意识，没有站在对方的立场去考虑问题。

要营造一个和谐的工作氛围和社会环境，必须要学会换位思考。

当问题出现，矛盾产生，当事双方或多方首先应该进行沟通，应以平和的心态，平等的位势，用心、专注地倾听对方把话说完，尽量准确地了解问题的所在，便于有的放矢。

换位思考是一种从自我出发体验他人心理的过程。将心比心、设身处地，是达成理解不可缺少的心理机制。将自己的内

心世界，如情感体验、思维方式等与对方联系起来，站在对方
的立场上思考问题，从而与对方在情感上进行沟通，为增进理
解奠定基础。

换位思考的实质是对交往对象的切身关注，深入对方的内心
世界。它既是一种理解，也是一种关爱。

既然是误会，有什么不好意思说开的

很多事情就是不说才容易产生误会，如果误会不及时澄清，
就会越积越深，容易使矛盾激化，从而成为人际交往的"杀手"。

小误会不解除，一不小心，就会让自己陷入更大的误会旋
涡中。

1

娟子是某广告公司的策划师，收入相当可观，她的头脑非常
敏捷，人缘也不错。可是，娟子这个人爱开玩笑，和同事产生误
会在所难免。

这天，公司一名美工阿紫在办公室里哭泣，原因是她失恋了。

同事们都跑去劝她，好不容易才将她安抚好。可是，娟子却向同事们说出了一句玩笑话："阿紫人这么漂亮，离开她的男人要么就是没眼光，要么就是爱上我了吧?"

就是因为这句话，阿紫痛哭起来。因为就在前些日子，阿紫男朋友总来公司，还跟娟子显得很热络。阿紫很吃醋，还跟她男友闹。娟子没有出面澄清，认为自己只要和他保持距离，阿紫就不会再乱吃醋了。可今天娟子一句话，却让原本的小误会转变成大误会。

阿紫以为男友离开她就是为了和娟子在一起，她很生气。于是当场抖出娟子的隐私，原来，娟子总是背地里说身边同事的坏话。不久，这件事在公司里传开了，大家都对娟子冷面相对。阿紫离开了公司，娟子也无颜面对大家，只好辞掉了工作，留下了无法弥补的遗憾。她知道阿紫误会了自己，但现在说什么都为时已晚。

误会是种毒药，它一不小心就会成为一种隐形的杀手，损人于无踪，害人于无影，杀人于无形。所以，有了误会，就应该马上澄清，切忌放任发展，不要让小误会变成害人的毒药。误会及时解决，才能让你和同事相处融洽，团队更加具有凝聚力。

其实，误会也可变成一种良药。良药苦口利于病。有时候，产生误会不是一件坏事，及时地澄清只会让你更有威信和地位，更能赢得别人的尊重。也许会产生一定的尴尬，但毕竟能挽回彼此的信任，这是化解你与同事之间信任危机的良药。

2

　　古希腊有个寓言，驴和蝉是好朋友，蝉歌声好听。驴想学唱歌，但蝉不会教，驴只能偷学，它注意到一个细节：蝉每天只喝露水充饥。驴想，也许只有这样才能唱歌。于是，驴每天也只以露水充饥，蝉认为是个小误会，结果没几天，驴就饿死了。蝉失去好朋友，痛苦不已。

　　故事中，蝉不会教，驴以为蝉不肯教，这是个误会。驴看见蝉只喝露水，就认为这样才能唱好歌，这是一个大误会。蝉没有把小误会澄清，让小误会向大误会转化，大误会没有及时澄清，结果让大误会转化成悲剧。可见，别轻视误会，有误会就应该及时澄清。

　　误会是一种毒药。与他人有了误会，就应该及时澄清。小误会是慢性毒药，会破坏你与朋友之间的友谊，损害你在他们心中的地位。大误会是烈性毒药，这是小误会转向大误会的必然结果，会扰乱你的生活，毒杀你的前途，在工作中影响团队的业绩，这无疑是一种事业自杀。

　　误会不管是良药还是毒药，只要你摆正心态，有了误会及时澄清，才不会让小误会向大误会转化，才不会让原本不必要的误会激化升级成不可调和的矛盾。误会不及时澄清，于己于人，都大为不利。何不微微一笑，及时将误会消除？

3

随着年龄的增长，接触到的事情越多，被人误解的可能性也就越大。

对于那些错怪自己的人，不要怀有怨恨。剑拔弩张、针锋相对，不但于事无补，也许还会节外生枝，酿成大祸。应该看到，在多数情况下，误会的发生总是意味着误会者同你之间已经有某种隔阂，只是这种隔阂平时未为你所注意，而在一定的条件下，渐渐趋于表面化了。

这时，就需要你做一些"修补"工作。反之，如果意气用事，以其人之道还治其人之身，误会就很可能成为彼此关系进一步恶化的导火索了。

其实解决误会的最简捷、最方便的方法，是当面说清。但是很多人由于懦弱等原因，不愿当面对质，结果把问题搞得越来越复杂。记住，一定要克服困难，战胜自己，想方设法当面表明心迹，不要轻信第三者的只言片语。

但需要提醒的是，当朋友误会你的时候，彼此的内心都不会很平静，这时候两个人再接触的话，是很难将问题解决的。要给彼此一段时间，这个时间段可长可短，至少要在双方稍稍冷静下来的时候，再出面解释。

解决误会也可以使用书面信息，比如文字沟通，当面难以启齿的话，在文字上会坦然地表达出来，效果往往比当面交涉的效果更佳。但要注意，写文字时，情感要真挚、诚恳，充分表达愿意消除误会、重新和好的心情。

　　还可以请他人帮忙，但是要做得巧妙，毕竟很多人不愿意两个人的事情有第三方参与进来。可邀请一些双方共同的朋友聚会畅谈，在和谐、友好的气氛中，彼此心理上的距离会缩短，以往的不快便会自然地消减，此时再把当事人拉到一边私下澄清误会，效果往往更佳。

　　出现误会后，有人碍于情面，总觉得难以启齿，时间越拖越长，误会越积越深，到最后无限制地蔓延，形成了更加苦恼的结果。

　　所以，有了误会要尽快解释清楚，时间越长，可能后果越严重，也会越被动。

你是在分享，还是在卖弄

　　有了好东西就和大家一起分享，把自己拥有的好东西展露给别人看看，把自己的得意之事说给别人听听，本来也没有什么大不了的。但是，如果炫耀的心理太炽热，想听好听、奉承和赞美之话的渴望太强烈，人就会陷入"卖弄"之歧途。

1

某单位宣传部干事小张在较有影响力的报刊上发表了几篇理论性文章。团委小高在工会宣传干事小王面前羡慕地夸奖道："小张真不错，最近又有一篇文章在某某刊物上发表了！"小王顿时敛住笑容，酸溜溜地说："他有那么多闲工夫，发表几篇文章有什么了不得的！"

小高见状，自知失言，让小王觉得脸上挂不住了，只好尴尬地点头笑了笑，走出工会办公室。

当自己明显比别人强时，你在感情上还是要和大家在一起，这样别人就不会再嫉妒你了，也会认为你是靠自己的努力取得的成绩。

你被派去单独办事，别人去没办成，而你却一下子办妥了。这时，你若开口闭口"我怎样怎样"，只能显出你比别人高一筹，容易招致嫉妒。如果你这么说："我能办妥这件事，是因为我卖力肯干。"就容易让人觉得你处于优位是理所当然的，因而会嫉妒你的才干。但是，如果你要这么说："我能办妥这件事，一方面是因为前面的××去过了，打了基础；另一方面多亏了×××的大力帮助。"这就将办妥事的功劳归于"我"以外的外在因素上去了，从而使人产生"还没忘了我的苦劳，我要是有群众的大力帮助也能办妥"这样的想法来借以自慰，心理上得到了暂时平衡，"我"的成绩在无形中便被淡化了。

"小李，你毕业一年多就提了业务厂长，真了不起，大有前途呀，祝贺你啊！"在外单位工作的朋友小张十分钦佩地说。"没什么，没什么，老兄你过奖了。主要是我们这儿水土好，领导和同事们抬举我。"小李见同一年大学毕业的小王在办公室里，便压抑着内心的欣喜，谦虚地回答。

小王虽然也嫉妒小李的提拔，但见他这么谦虚，也就笑盈盈地主动招呼小李的朋友小张："来玩啊，请坐！"

不难想象，小李此时如果说"凭我的水平和能力早可以提拔了"之类的话，那么小王不仅不会和小李和平相处，还会冷嘲热讽，甚至同事之间会产生隔阂。

2

李泉是某公司的新进员工，高大英俊，口才不凡，在应聘的时候，得到了面试官的一致好评。李泉刚进公司，就成了办公室的"红人"，上司也对他寄予了很高的期望。但是没过多久，问题就来了。李泉所在的部门每个星期都会召开一次例行会议，向来是由上司来主持，大家互相交流工作安排，以及各自的工作心得和工作进度。初来乍到的李泉，在第一次参加会议的时候就表现出了他的"好口才"，在业务会上跟同事和上司展开了激烈的辩论。

在讨论工作计划安排的时候，他总是认为自己的方案无可挑剔，将其他人的方案批驳得一无是处。在讲到某个具体观点的时候，还会揪住对方的小细节，滔滔不绝地要跟对方辩论到底。不但在会议上是这样，在日常工作中，李泉对他人的行事方式也总是看不惯，总认为自己的就是最好的，习惯性地发挥他的"三寸不烂之舌"，强势地要求对方按照自己的思路走，肆意贬低同事的能力，直到对方甘拜下风、哑口无言方才罢休。如果谁认为跟他纠缠没有意义，不愿意跟他说话，他就愈发认定对方不如自己。

骄傲的本性使得李泉在工作中急于摆出与众不同的姿态，看不惯别人的生活和工作方式，认为他们是在浪费时间。他想帮助别人，但是说出口的话却成了自以为是的把柄。日子久了，同事们开始疏远他，不少客户也跟李泉的上司反映："你们单位的那个李泉口才倒是挺好的，可是跟他打交道怎么就那么不舒服呢？怎么老觉得别人低他一等呢？"最后，不到3个月，李泉就被请出了公司。

3

在生活中，像李泉这样总觉得谁都不如自己的人不在少数。他们往往会表现出超强的自信，而这种自信在别人的眼里就会被解读成"自负""自以为是"。

每个人都有自己独特的个性，但在进入社会之后，为了安身立命的需要，应该及时为自己补课，认清理想与现实之间的差异，学会包容，用理智来看待工作和人际关系，用感性来经营人与人之间的关系。

人心是最难捉摸的，人际交往中最忌讳的就是用个人标准去评判别人，给别人打上"无能"的标签。作为社会群体中的一员，既然已经跟周围的人身处同一个组织、同一个环境，就说明你仍然是一个普通人。不要总是认为自己有足够的优势来证明别人的劣势，也不要认为自己的见解永远都是正确的。如果你总在嘴皮子上寻求一时之快，等待你的只能是如李泉一般的结果。

如同"中和反应"一样，一个人身上的劣势往往能淡化其优势，给人以"平平常常"的印象。当你处于优位时，注意突出自己的劣势，就会减轻嫉妒者的心理压力，产生一种"哦，他也和我一样有缺点"的心理平衡的感觉，从而淡化乃至消除对你的嫉妒。

通过艰苦努力所取得的成果很少被人嫉妒，如果我们处于优位确实是通过自己的艰苦努力得到的，那么不妨将此"艰苦历程"诉诸他人，加以强调以引起同情，减少嫉妒。

比如，在邻居、同事还未买车的时候，你却先买了。为了免受"红眼"，你可以这么说："我买这车可不容易。你们知道我节衣缩食积攒了多少年吗？整整6年，辛苦啊！我们夫妻俩都是低工资，一毛钱一毛钱地攒，连场电影都舍不得看，太难了……"

听了这些话，对方就很难产生嫉妒之心。相反，或许还会回以钦佩的赞叹和由衷的同情。

另外还要注意，切忌在同性中谈及敏感的事情，女性之间的嫉妒多半因容貌而起。女人爱嫉妒，嫉妒可以说是女人的明显特征之一，而女人又往往因为容貌姿色才处于优位。所以，女人对容貌、衣着以及风度气质所带来的爱情生活、夫妻关系等相当敏感，很容易产生嫉妒心理。

做人自信和要强是应该的，但一旦过了头，就会变成自负和自傲。

所以，如果你有自己的想法，请不要用自负的方式来阐述；如果你有过人的能力，也不要用"门缝里看人"的态度来看待别人。总而言之，就是不要用你的优势与别人的劣势相比较。

成熟的人永远不会没对手

尊重对手就是尊重你自己，这样不但能赢得对手的尊重与友谊，还能展示你的度量与胸怀。要明白这样一点，或许大家在认识、立场、价值取向上各有不同，或许我们对彼此的生活习惯、行为方式看不顺眼，甚至就是水火不容的敌人，但是这并不妨碍看清楚对手身上的优点和长处，也不影响欣赏对手的品质与人格。

1

在巴黎有两位画家都享有盛名。

这两人不相往来，却又密切注意对方的一举一动，彼此谁也不服对方。

两人时常在媒体上互相指责、批评："他最近的一部作品，布局一点儿也不协调，简直就是涂鸦。""他的画要么苍白无力，要么乱七八糟，不知所云！"

一次，其中一位画家为了赶上一个国际大展，在工作室中夜以继日地连续画了三天三夜，除了绘画之外，什么都不闻不问，甚至连吃饭、睡觉都在工作室里。

就在作品快要完成的时候，有一位朋友来看他，这时画家正在修饰作品中人物的表情。朋友刚要开口，还没说出半个字，画家忽然大叫出声："我那个死对头，一定又会在这儿鸡蛋里挑骨头的!"

朋友不解地问他："你既然知道他会批评这个地方，为什么不把它画好呢?"画家微微一笑回答："我就是故意为了让他批评才这么画的，如果他不再批评，我的创意也就没有了。"

"可是……"朋友说，"他昨天因一场意外的车祸去世了。"

画家手里的画笔一下子滑落到地上。

从此，这个画家再也没有创作出独具创意的作品了。

2

对手的存在可以让自己清楚自身的优缺点，生活中缺少了对手，就好比在大海上航行失去了罗盘。

与势均力敌的对手竞争，一次次的角逐，一次次的成败，都是走向成功的必经之路。当你与同学竞争时，你就会自觉地从各个方面严格要求自己，只要一想到对手在认认真真地听讲，自己也会立刻回到学习状态中，并在心中暗暗告诫自己。

很久以前，挪威人从深海里捕捞的沙丁鱼，还没等运回海岸，便都口吐白沫，奄奄一息。渔民们想了很多的办法，但都失败了。然而，有一条渔船，却总能带回活鱼上岸，所以这个渔民卖出的价钱也要高出几倍。

后来，人们才知道其中的奥秘。原来，这条船的沙丁鱼槽里放了鲇鱼。鲇鱼是沙丁鱼的天敌，当鱼槽里同时放有沙丁鱼和鲇鱼时，鲇鱼出于天性就会不断地追逐沙丁鱼。在鲇鱼的追逐下，沙丁鱼拼命游动，激发了内部的活力，从而才活了下来。

这就告诉人们一个道理，对手所带来的压力，往往也是动力。对手给自己的压力越大，由此激发出的动力就越强。对手之间，是一种对立，也是一种统一。相互排斥，又相互依存；相互压制，又相互刺激。尤其在竞技场上，没有了对手，也就没有了活力。

3

有位饲养员擅长与动物相处，无论它们多么凶猛，他总是有办法让它们服服帖帖、乖巧无比。人们都很羡慕他的本领，又非常好奇他为什么能做到与猛兽和谐共处。一位记者来采访他，他的答案很简单："是因为我发自内心地喜欢它们呀，所以它们也回报我同等的喜爱。"

"难道发自内心的喜爱就能换来与动物的友好相处吗？"记者不相信他的说法，"我很喜欢大型犬，但是一靠近它们，它们就会冲我'汪汪'大叫。"

这位饲养员笑了："你靠近它们的时候想着什么呢？"

记者想了想，回答说："我总是很担心它们会扑上来咬我。"

"这就对了，你根本就不相信自己能和它们友好相处，在接触它们的时候，首先就产生了恐惧和提防的心理，做好了随时逃跑或反击的准备。动物的感觉比人类更敏锐，它们一旦感受到你的恐惧和提防，也就不会对你产生接纳之心了，这样你当然没法接近它们啊！"

听了饲养员的话，记者恍然大悟。

饲养员相信动物不会伤害他，因此在面对动物的时候，心中只有对动物的喜爱，没有一丝一毫的敌对情绪。他用友善驯服了猛兽，让它们能够与之友好相处。

一位教练曾经这样说："对手是每个运动员的最好的教科书，谁要想战胜对手，谁就得向对手学习。"对手之所以能够成为对手，就说明在他的身上，一定有其高超和独特的东西。与这样的对手比赛，不仅能找到竞争的舞台，而且会获得竞争的乐趣。可以想象，一场没有对手的比赛，将是多么的无味！纵观奥运会获奖者，就会发现，每个金牌得主的快乐，都来自于竞争的胜利。战胜对手，才是最大的慰藉。

在学习、工作、事业、爱情中，谁都可能遇到对手，谁都盼望超过对手。但无论成功还是失败，都不要忘了感谢对手，因为是他和你一起追逐，一起攀登，一起较量，一起腾飞。

你的朋友圈，决定你的层次

如果一个人使你黯然失色，他就不是你理想的友伴，去结交那些使你发出更大亮光的人吧！无论何时，你都应记住，跟成功的人交往可以孕育成功，跟失败的人交往只能继续失败下去。

1

一位推销员讲过他自己的故事。

那是1999年的一天，一对老夫妇来到柜台前，我马上上前打招呼："您好。"夫妇俩说想购买一台电热水器，不知该购买进口的还是国产的，我细细揣摩用户的心理，问他们想选多大容积的，他们说不清楚。我给老夫妇推荐了一款××热水器，当他们问起××热水器是进口的还是国产的，我告诉他们是国产的，他们有些犹豫，我就耐心细致地介绍××热水器是国内最早专业生产热水器的厂家生产的，与其他品牌热水器的不同在于它是双管两端加热，内胆是不锈钢加全瓷的，还有磁化器装置等。

经过我耐心细致的介绍，夫妇俩对××热水器有了好感，可当时并没有购买，而是说再转一转，我说好的。没过几天夫妇俩又来到了柜台前，我又细致地介绍了一遍，夫妇俩特别满意地说："不用再介绍了，我们到过其他商场，他们可没有你热情，介绍得也没有你这样详细，所以还是到你这里来购买了，我还要帮你去向别人宣传，让他们也到你这里来购买。"

毋庸置疑，这个人是成功的。他的主动和热情打动了别人，同样的产品到别处也可以买，可是这对夫妇又折回来买他的。由此就可以看出来，这位推销员的热情感染了别人，让别人觉得这个人好，卖的东西也肯定不错。这就是一个成功的交流。试想，如果顾客问一句你答一句，那会是什么样子呢？

在某次博物馆的单身者交友活动中，37岁的旅行社代理人贝丝看上了其中一位团友尼尔——一位35岁的英俊飞行师。贝丝通常觉得像尼尔这种长得很好看的男人没有安全感，她决定依照恋爱类型的接触技巧来安排第一次相遇。

她一面享受着在博物馆的时光，一面不忘在尼尔每次经过她身边时，给他一个短促的眼神交流。当尼尔第三次经过她身旁时，贝丝决定采取行动了。尼尔一动不动地专注于一幅毕加索的画作上，贝丝匆匆地走过他身旁并且回头轻声地说："我觉得毕加索这部作品比其他的都好。"不等待他有任何回应，贝丝继续走向另一个展览厅。

"抱歉，请问你是艺术系的学生吗？"尼尔紧张地问道，并尝试阻止她离去。他其实一整天都在观察贝丝，他被这位神秘的女士所迷住了。"如果我遇到一位好老师，我想我会是。"贝丝笑着回答。令人惊喜的是，当贝丝和尼尔一起共度下午剩余的时间时，她发现他竟然是一个很好的老师。他带领她欣赏艺术作品，之后他们又一起共进晚餐，享受着在一起的时光。

其实热情很简单，你的一个善意的眼神，一个美丽的微笑都让人温暖。当别人需要帮助的时候主动一点儿帮忙；当过道狭窄，你微笑让道；当看见心仪的对象时，你主动上前搭话，等等。如果你一脸冷漠，那么，你传达给别人的信息就是你这个人很冷漠，不愿意与人交往，也没有人愿意和你说话了，毕竟，大家都怕碰钉子。

2

如果其他条件大致相当，人们会喜欢与自己邻近的人交往。处于物理空间距离较近的人，见面机会较多，容易熟悉，产生吸引力，彼此的心理距离就容易拉近。常常见面也便于彼此了解，增进感情，俗话说"远亲不如近邻"，是因为人们和邻居接触多，而与相隔较远的亲戚接触少。接触得多的人，彼此间会有一种亲密感，而接触得少的人，则会感觉到生疏。

所以，生活中经常出现一些"近水楼台先得月"的事情。这个现象，在心理学上被叫作"邻里效应"。

心理学家曾做过一个关于"邻里效应"的实验。

20世纪50年代，美国社会心理学家对麻省理工学院17栋已婚学生的住宅楼进行了调查。这是些二层楼房，每层有5个单元住房。住户住到哪一个单元，纯属偶然，哪个单元的老住户搬走了，新住户就搬进去，因此具有随机性。调查时，所有住户的主人都被问道："在这个居住区中，和你经常打交道的最亲近的邻居是谁？"

统计结果表明，居住距离越近的人，交往次数越多，关系越亲密。在同一层楼中，和隔壁的邻居交往的概率是41%，和隔一户的邻居交往的概率是22%，和隔三户的邻居交往的概率只有10%。多隔几户，实际距离增加不了多少，但是亲密程度却有很大不同。

可见，交往得越多，人与人之间的关系就越亲密。因此，有个心理学家开过这样一个玩笑，他说，如果你想追一个女孩子，千万不要每天都给她写信，因为她有可能因此而爱上邮差。

因此，要想与人建立亲密关系，就需要主动与人多接触、多联系。每与他人多接触一次，他人对你的印象就更深一点。

对于现在的很多年轻人来说，或许懂得这个道理，但是困难的是，不知道如何主动跟人联系，如何与人保持联系。也有很多年轻人委屈地说："我不是不友善，我只是太害羞了！"或"我很好相处，只是不好意思找你！"的确，"害羞""不好意思"，都是一个人与别人沟通的"心理障碍"，一定要把它除去。

无论是与邻居，还是朋友、客户间，平时的联系都非常重要。建立"关系"最基本的原则就是，不要与别人失去联络，不要等到有麻烦时才想到别人。"关系"就像一把刀，需要常常磨才不会生锈。

3

这是一个圈子时代，圈外的人想进去，圈内的人却想出来。各式的圈子将人以群分，小人物与大人物更多时候只能是两条互不打扰的平行线，偶尔相交，还得看你的交际能力的强弱。

善于交际的人更容易成功。衡量一个人人际交往能力强不强，看他的交际圈就知道了。如果他交际甚广，在不同层面、不同行业都有关系不错的朋友，且年龄横跨60后、70后、80后……则说明他的人际交往能力超强。

此外，你交往的朋友还能从侧面反映出你的身价和人际交往能力。如果一个人身边的朋友大都优秀出色，比他强的大有人在，则证明这个人的实力和人际交往能力不错。如果身边的朋友混得还不如他，则可能存在"选择性交往"的心理倾向，即习惯选择自己的交往舒适区——选择与自己水平相仿或实力较弱的人交往，对强者（大人物）存在心理畏惧和敬而远之的心态，这往往也是小人物的交往心理。

当今社会，任何一个职业人都无法独善其身，是否善于和比自己强或不喜欢的人交往，善于在一个不喜欢的环境中生存，成为衡量一个人社交成熟度的标志。

第 六 章

最厉害的人，是能自控的人

很多时候，阻挡你前进的不是别人，而是你自己。生活总要继续，能躲避一时，却逃不开一世。与其在逃避的过程中忐忑不安，不如直面内心的恐惧根源，坦然地面对成长的风霜雨露，寻求生命中真正的圆满。

长大了很累，也很爽

　　"永远不要长大"，听起来让人觉得无奈而又伤感。人们总是因为一些小的执着与恐惧躲起来，虽然不会遇到什么危险，但永远也无法到达自己希望的目的地。生命始终是美好的，一切外界的纷扰不过是过眼云烟，不如给自己一个尝试的机会，让"逃避"二字从内心彻底消失，过一种完全不同的人生。

1

　　彼得·潘是一个在永无岛上永远也长不大的男孩。他拒绝长大，并且鼓励其他孩子也这么做，在如童话般美好的心愿中肆意妄为地生活。不只是在那个虚幻的世界中，每个人的心底都住着这样一个"不想长大"的孩子。他让人们逃避成长、拒绝成熟，任性地活在自己创造的小世界中，在静默的时光背后冷眼旁观着世界的变迁。

　　但人永远拒绝不了长大，那只是一个童话般的梦想。任何人在成长的过程中都会遇到一些不喜欢的人或不如意的事，当离开安全的小圈子，进入陌生的环境时，心中那些单纯美好的东西也被一点点地忘却，最终只剩下世俗的纷扰。当一种前所未有的恐慌侵袭着不想改变的人们时，他们心底的"彼得·潘"就会自动跳出来，找出各种借口逃避现实，并且躲在阳光照不到的角落里，盯着外面的一举一动，试图逃离不如意的命运。

其实，逃避只是暂时麻痹自己，无法解决任何实际的问题。有些人用短暂的休眠减轻承受的痛苦，以为逃避之后，一切问题都会随时间慢慢解决，可当从自己制造的"保护壳"中向外观望时，问题依旧存在，时间并没有因逃避而停止。这俨然成了许多人无法融入社会、始终活在狭小圈子里的原因所在，归根结底只是出于其心里对外在世界的恐惧。

2

在一棵干枯的桑树上住着一只蜗牛，它从出生以来就一直住在这棵树上。

一天，蜗牛小心翼翼地伸出头来看了看，然后慢吞吞地爬到地面上，把一节身子从硬壳里伸到外面，懒洋洋地晒起太阳。

一群蚂蚁正在热火朝天地劳动，一队接着一队急速地从蜗牛身边走过。看见蚂蚁在阳光下来回走动，蜗牛不觉有些羡慕，于是，它放开嗓门对蚂蚁说："喂，蚂蚁老弟，看见你们这样，我真羡慕你们啊！"

一只蚂蚁听到了，就停在蜗牛旁边，仰着头对蜗牛说："朋友，咱们一起出去走走吧！"

蜗牛听了，不由自主地把头往回缩了一下，有点儿惊慌地说：

"不，你们要到很远的地方去，我不能跟你们一起走。"

蚂蚁奇怪地问："为什么呢，走不动吗?"

蜗牛吞吞吐吐地说："离家远了，要是天热了怎么办? 要是下雨了怎么办?"

蚂蚁听了，笑着说："要是这样，那你就躲到你的那个硬壳里好好睡觉吧!"说完，蚂蚁便匆匆追赶自己的大部队去了。

蜗牛也不在乎蚂蚁的嘲讽，不过，蜗牛实在想到远处看看。经过深思熟虑，蜗牛终于大着胆子把自己的另一节身子也从硬壳里伸了出来。正在这时，几片树叶落在地上，发出轻微的响声。蜗牛吓得像遭遇了雷击一样，一下子就把整个身子缩回硬壳里去了。

过了好久，蜗牛才小心翼翼地把头伸到外面，外面仍然像先前一样晴朗和宁静，并没有发生什么事情。只是蚂蚁已经走得很远了，看不见了。

蜗牛悠悠地叹了一口气说："唉，我真羡慕你们啊! 可惜我不能和你们一起走。"说完，又懒洋洋地晒起了太阳。

蜗牛的壳是保护自己的最重要的盾牌，也是它最恋恋不舍的"家"，然而也正是这个家，绊住了它前进的脚步。它安心地活在自己的"小窝"里，过着所谓舒心的日子，却不曾想过，在自己逃避退缩的时候，会错失很多生命中的美好。许多人也为自己制造出这样一个硬壳，风再大也无法吹到身上，雨再大也无法淋湿自己，日复一日地躲避着世俗的纷扰，却一而再再而三地错过繁华。

3

"人们的不安和多变的心理，是现代生活多发的现象。"美国学者马尔登这样认为。他觉得恐惧是人生命情感中难解的症结之一，任何人都不需要为此感到沮丧。恐惧是人类所共有的情感，它不该成为人生旅途上的障碍，每个人也不该寻找各种方法试图逃避命运的安排。

人们即使对命运有再多的恐惧，也仍然拒绝不了长大，正如人永远无法阻止生命的时钟转动一样。这种童话式的想法只会让自己离真实的世界越来越远，从而丢失更多宝贵的东西。

错过的错过了，相逢的还是会相逢

几米说过，"错过的错过了，相逢的还是会相逢。"过去，已经可望而不可即。过去了，就没有再重温它的机会。人的心理空间能有多大呢？背负太多的过往，就无法为未来留有一席之地。

1

马云曾在谈到"商业的未来"这一话题时说：我是1994年年底开始做互联网的，那时候很多人都不知道互联网是什么。做任何事，今天会成功的事，我不会做。但是，10年后成功的事情，我会特别有兴趣，因为坚定了方向，一步一步往前走。

马云还说：我觉得我脑袋小，所以记很多东西很困难，记得快，忘得也快。有的人可以记得清清楚楚，但是我就是记不住。我对10年以后、8年以后、5年以后要做的事情特别有兴趣。因为昨天的事大家拼的是记忆，未来的事大家拼的是想象，想象要的是理想，还有现实。

在48岁就选择退出阿里巴巴管理一线的马云，对自己的未来有自己的打算："我要建一所学校，培养中国民营企业家的学校。"对自己之前获得的成就，马云并没有沾沾自喜，他在选择遗忘过去的成就的同时，更希望自己的未来能有所作为。

英国有句名言："过去属于死神，未来属于你自己。"的确，过去的都已经过去，对于人生来说，更重要的是未来会发生什么。

宏德法师曾用"红炉焰上片雪飞"来比喻人生之迅忽，生命之短暂。在这既定的人生路途中，轻装上阵，才能更好地发现眼前和未来世界的斑斓美丽。

2

生于元末的朱元璋，他的父亲、祖父以及曾祖父等数辈人都是连赋税都交不起的穷人。朱元璋的父母去世的时候，甚至连一块埋葬的土地都没有。如果朱元璋当初因为自己的贫苦出身，而放弃了对未来的努力，那他也就不会成为一代开国皇帝了。

我国现代著名诗人聂绀弩，在"文革"期间一次次跌进痛苦的深渊。"文革"结束后，恢复了正常生活的聂绀弩先生似乎把之前受到的磨难忘得一干二净，对那些曾经背叛过他的亲友们一如既往地给予关照和体贴。这正是聂绀弩先生的睿智所在。

不管过去有什么怨恨和憎恶，过去了便过去了，永远不可能再追回来，未来的生活还是要继续。与其纠结于痛苦的回忆不能释怀，不如彻底忘记，毕竟多一些朋友总比做一个锱铢必较的孤家寡人要好很多。

只有忘记过去，才能走出心灵的牢笼。不要再一次次地晾晒那永远也晒不完的往事，该舍弃的舍弃，该遗忘的遗忘，相信未来一定会更美好。

美国新泽西州的一所小学里，一位叫菲拉的女教师，为26个不良少年出了一道选择题，要他们根据自己的判断在3个候选人中选出一位日后能成大器的人。

A.笃信巫医，有两个情妇，有多年的吸烟史而且嗜酒如命。

B.曾经两次被赶出办公室，每天要到中午才起床，每晚都要喝大约一升的白兰地，而且有过吸食鸦片的记录。

C.曾是国家的战斗英雄，一直保持素食的习惯，不吸烟，偶尔喝一点儿啤酒，年轻时从未做过违法的事。

大家都选择了C。

菲拉公布了答案：A是富兰克林·罗斯福，担任过四届美国总统；B是温斯顿·丘吉尔，英国历史上最著名的首相；C是阿道夫·希特勒，法西斯恶魔。

菲拉说："过去的荣誉和耻辱只能代表过去，真正能代表一个人一生的，是他现在和将来的作为。从现在开始，努力做自己一生中最想做的事情，你们都将成为了不起的人！"

这番话改变了这26个孩子一生的命运，其中就有华尔街最年轻的基金经理人——罗伯特·哈里森。

3

生命是一张单程车票，只有起点，没有归途。无论你曾体验过怎样的苦辣酸甜，都没有必要让过去的事情束缚自己的手脚，把那早该埋葬的是是非非、恩恩怨怨，从残碎的记忆中抽出来咀嚼、玩味、修补。对往事的过分认真和流连，只能显示出一种与实际年龄不相吻合的幼稚天真和不谙世事。

新东方的创始人，北大名人俞敏洪在演讲中说："同学们，你们要记住一个真理，生命总是往前走的，我们既不是只走过大学4年，也不只是走到研究生。要记住，我们要走一辈子的。

可能会走到80岁、90岁，虽然到了那个时候，你也不知道你人生到底是怎么样的，你唯一能做的就是要坚持走下去。所以，我非常骄傲地告诉你们，我从一个农民的儿子走到北大，最后又走到了今天。"

只要愿意，不管过去有多少不堪的经历，都能够转过身去，把那些自认为无法忘却的东西，统统给甩掉，处理得干干净净。生活在继续，人生在绵延，人总是要不断地接受新的事物，接受新的观点。不需要为过往叹息止步，应该挺起胸膛，站起来，坚强地迎接未来的日子。

过去的辉煌和过去的痛苦一样，都很难从记忆中抹去。但无论过去承载的是财富、名利，还是哀伤、遗憾，都已经盖棺定论，没有任何更改的余地。聪明的人不会在过去百转千回，死拽着旧事不放，而懂得把目光投向更广阔、更值得期待的未来。

没事别随便思考人生好吗

如果看不清未来，那就努力做好现在。把眼前的事情做好了，机会自然会来。过去的你已经无法更改，未来的你什么样，取决于你的现在。

1

美国著名的电影明星帕特·奥布瑞恩在踏入影视界之前，只是一名默默无闻的话剧演员。一次，他参加了一部名为《向上，向上》的话剧表演。

帕特对自己很有信心，他的表演也很到位，可是观众似乎对这样的剧本不感兴趣，第一次演出，剧场里只有不足三分之一的观众。后来观众更是越来越少，剧团难以为继，只好将表演场地搬到一个偏僻廉价的小剧院。

在这样的地方，观众自然寥寥无几，门票收入减少，演员们的薪水也每况愈下。一时间，一种消极的情绪在剧团里蔓延开来，演员们都感觉前途一片渺茫，表演也不再像以前那样卖力了，甚至有人私下里做好了离开剧团的准备。

正当大家埋怨时运不济的时候，帕特却从未懈怠过，仍一如既往地全身心投入表演，即使台下只有一名观众，他也会百分百地投入。

一天晚上，剧团来了一个陌生人，坐在最前排看帕特的表演。当帕特表演完，他站起来报以热烈的掌声。帕特以为他只是一名普通的观众，当这个男人走上台来，握着帕特的手自我介绍之后，帕特才知道他竟然是大名鼎鼎的电影导演刘易斯·米尔斯顿。

刘易斯被帕特的演技和敬业精神所征服，当即邀请他参与电影《扉页》的拍摄。从此，帕特在电影界崭露头角，并逐渐成为观众喜爱的电影明星之一。

活在当下是一种全身心地投入人生的生活方式。当你活在当下，而没有过去在后面拖住你，也没有未来拉着你往前时，你全部的能量都集中在这一时刻，生命因此具有一种强烈的张力。

2

"当下"给你一个高高地飞进生命天空或是深深地潜入生命水中的机会。但是，"过去"和"未来"似乎是人类语言里最危险的两个词。生活在过去和未来之间的"当下"就好像是走在一条绳索上的蚂蚱。只要你尝到了"当下"这个片刻的甜蜜，你就不会去顾虑那些危险；一旦你跟现实的生命保持在同一步调，其他的就无关紧要了。

从前，远方有个王国，国王的年纪大了，他把3个儿子叫到跟前，对他们说："我们王国北方有一座最险峻的山，山顶上长着全世界最老、最高、最壮的松树。我将派你们独自去攀登那座高峰，从那棵树上取一根树枝回来，凡是把最棒的树枝拿回来的人，就可以继承我的王位。"

第一个王子带着行囊和装备出发了。3个星期后，他风尘仆仆地回到王国，带回了一根巨大的树枝。国王似乎很满意，恭喜他完成了任务。

接下来轮到第二个王子，他发誓要取回更好的树枝，于是带着帐篷和必需品上路了。第6个星期快结束时，他才回来，拖着一枝庞大的松枝，比第一个王子拿回来的大了很多，国王高兴极了。

最后，最小的王子收拾行囊朝高山出发。然而他久久没有回来，直到第14个星期，小王子终于回来了，他全身衣服又脏又破，不仅疲惫不堪，而且连一根小树枝都没带回来。

小王子眼里含着羞愧的泪水说："对不起，父亲，我试着去完成你交代我的任务，找到那座雄伟的高山，夜以继日地登上最顶端，寻遍了整个山顶，可是发现那里根本就没有树！"

国王温和地对幼子说："你是对的，那座山顶根本没有树木，现在，我们王国的一切都是你的了。"

国王向众人说道："他虽然没有带回树枝，但他是我三个儿子中最努力的。当他发现山顶没有树枝的时候，他接受了眼前的现状。接着，他花了好几个星期去寻找我所说的那棵树，虽然他最后都没能找到，但他有着作为一个国王应该有的素质。"

只要在生活中永远选择尽力而为，到最后你一定会收获丰硕的果实。或许可以假设一下，假如那个最小的儿子最终没能获得国王的位置，但至少他努力了，在自己以及很多人心里，他已经是一个成功的人了。

你所展示出天赐的才能，只是虚妄高傲，只有当你凡事尽力而为，才会达到令人折服的境界。也许你努力了也永远达不到目标，因为那可能本就是一个不存在的东西。但是，当你尽力而为之后，就不会给自己的人生留下遗憾。

3

佛家常劝世人要"活在当下"。到底什么叫"当下"？

简单地说，"当下"指的就是，你现在正在做的事、待的地方、周围一起工作和生活的人。"活在当下"就是要你把关注的焦点集中在这些事、物、人上面，全心全意地认真去投入、接纳和体验这一切。

你可能会说："这有什么难的？我不是一直都活着并与它们为伍吗？"话是不错，问题是，你是不是一直活得很匆忙？不论是吃饭、走路、睡觉、娱乐，你总是没什么耐性，急着想赶赴下一个目标？因为，你觉得还有更远大的理想正等着你去实现，你不能把多余的时间浪费在"现在"这些事情上面。

不只是你，大多数人都无法专注于"现在"，他们总是若有所想，心不在焉，想着明天、明年甚至下半辈子的事。

假若你时时刻刻都将力气耗费在未知的未来，却对眼前的一切视若无睹，你永远也不会得到快乐。一位作家这样说过："当你存心去找快乐的时候，往往找不到，唯有让自己活在'现在'，全神贯注于周围的事物，快乐便会不请自来。"

昨日已成历史，明日尚不可知，只有"现在"才是上天赐予的最好的礼物。

许多人喜欢预支明天的烦恼，想要早一步解决掉烦恼。明天如果有烦恼，你今天是无法解决的，每一天都有每一天的人生功课要交，那么，请你努力做好今天的功课再考虑明天吧！

一念一天堂，一念一地狱

富兰克林说：幸福不在万物之中，它存在于看待万物的自身心态之中。如果你接受幸福的态度不正确，即使置身于幸福的环境中，你也会离幸福越来越遥远。

1

在一次贸易洽谈会后，助理和公司的副总裁一起回住处——一家高级酒店的38楼。助理往下看时，突然感到头有些眩晕，于是，他就仰头朝天看，此时，副总裁关心地问道："怎么，你是不是有点儿恐高？"

助理说："我确实有一些害怕。我来自农村，小时候上学，必经一座小石桥，每逢下雨天，山洪暴发，一泻而下的洪水就会淹没整个小石桥。每次在经过小石桥中间时，水已经漫过了我的双脚，下面则是咆哮着的湍流。每到此时，我的心就开始慌乱起来。老师总会说，只要手扶着栏杆，把头抬起来看着天往前走，就能顺利地走过去。"

助理的一番话倒让这位副总裁想起了什么，他笑着问助理："你看我像是寻死过的人吗？"助理看着副总裁一脸刚毅的神情，不免有些惊讶。

原来，副总裁成功的背后也有一个故事。

副总裁原来是在机关工作的，后来，毅然辞掉了那份工作，做起了生意。不知道何故，连续几桩生意不仅没赚到钱，还欠了巨额债款。

其实，在那个时候，他想到了死，还选择了深山里的悬崖。正当他准备跳崖时，他的耳边突然传来一阵山歌声，声音洪亮而又沙哑，他转身望去，顿时，一个采药的老者映入眼帘。

接下来，老者便用一种善意的方式打断了他轻生的想法。就这样，他坐在一片草地上深思了许久，当老者走远时，他再次走到了悬崖边，只见下面是一片黝黑的林涛，他倒抽了一口凉气，仰望蓝天，选择了重生。

最后，他来到了这座城市，从打工者做起，通过自己一点一滴艰辛的努力，才走到了今天。

2

实际上，在每个人的人生历程中，都会像助理和这位副总裁一样，遇上激流和险滩。在这样关键的时刻，是选择低头后退还是昂首前进，都需要自己做出判断和选择。如果一门心思低头看激流而停滞不前，这样只会打击自己的自信心，自然就会被推至不幸的边缘。如果专心仰望广阔的天空，就会燃起生的希望，可以用自己的双手构筑人生之幸福。

生活中也不乏这样的实例，有的人一旦事业受挫或者爱情之花凋零，就觉得自己晦气上身，开始感叹自己是多么无能为力、多么不幸，人生是多么悲惨，并且向老天抛出一大堆的抱怨和指责。殊不知，自己不幸的命运并非老天决定的，而是自己选择的结果。如果明知道事业将要走向谷底，就应该尽早改变经营理念和方式，以最快的速度全力以赴扭转局面；如果明知道自己遇到了不该爱的人或者不值得爱的人，就应该尽早放手。

别等到真正遭遇不幸之后，再去做无谓的抱怨。无论是事业还是爱情，一定要在正确的时间里做出正确的选择。比如，一旦找到事业的漏洞，及时去亡羊补牢才是智慧之举；一旦发现自己找错了爱人，及时放弃才是明智之举。

不得不说，生活在天堂还是地狱，全在于自己的选择。不管面临什么样的困境，只要智慧地去选择你想要的、应该要的，并且保持一种合理而又乐观的心态，幸福就会被牢牢地抓在手里，从而活出自己的精彩。

第二次世界大战以后，受到当时经济危机的影响，日本失业人数骤然增加，各家工厂的经营状况都非常不好。其中，有一家食品公司濒临倒闭，为了起死回生，该公司的负责人决定裁掉1/3的员工，包括司机、清洁工和没有技术的库管。

于是，公司经理开始找这些人谈话，告诉他们目前公司的困境。

清洁工们回答："经理，其实我们对于公司而言，真的很重要，假如没有了我们，谁来打扫卫生呢？如果没有了清洁优美的工作环境，你们又怎能更好地工作呢？"

司机们回答："经理，其实我们对于公司而言，同样很重要，假如没有了我们，公司产品又如何面市呢？"

库管们回答："经理，其实我们对于公司而言，更是不可或缺，战争刚刚过去，有不少人还未脱离饥饿，假如没有了我们，公司产品又怎能保存完好呢？"

听完他们的回答后，公司经理认为他们的话都很有道理，经过再三考虑，经理决定不再裁员，但是，他要在公司管理上筹划一番。

没多久，这位经理便让人在公司的门口悬挂了一块大匾，上面写着："我很重要"。每天，当员工们来公司上班时，第一眼看到的就是这醒目的四个大字——"我很重要"。

正是因为这么一句简单的话，将所有员工的积极性都调动了起来，几年后，这家公司迅速崛起，进入了日本有名公司的行列。

3

  曾经有一项心理调查研究表明："只要相信自己、肯定自己，做出正确的选择，挖掘潜在的力量摸索前进，最终展现在你面前的便是美丽天堂，而非地狱。"有人说过："决定人生幸福指数高低的，不是别人，而是自己的选择。"

  不得不说，一个人如果自己选择了坚强，选择了自我超越，就会有更多的机会催发人生的幸福萌芽。即便是"荆棘"丛生，也要选择坚持不懈、一路前行，直到收获幸福。

  如果仔细观察那些幸福的人，就会发现是他们自己选择了幸福；而那些不幸的人，很容易就会发现是他们自己选择了不幸。总的来讲，自己才是紧紧牵扯着人生幸与不幸的那根命运线。如果你选择了天堂，几经风雨之后，注定会造就一番美丽；如果你选择了地狱，几经颓废之后，注定会酿成一场悲剧。

生命的唯一目的是要变得更好

在现实生活中，有的人一旦遇到不如意的事情，或者受到别人的冷嘲热讽，或者遭到别人的白眼，就会牢牢地铭记在心，甚至发誓一生都不会原谅别人。殊不知，自己如刺猬一般用尖锐的刺将自己保护起来，是一种自己无法原谅自己的表现。

1

从前，有一位智者。他在每一年里都会详细地记下两份账单，其中一份账单上罗列着自己在一年中犯下的所有错误，另一份账单上则记录着自己在一年中遭遇的所有不幸。

每到年末的时候，他总会拿出这两份账单，看看自己所犯下的错误，再看看上天给予他的一切惩罚，然后跪下来祈祷："老天爷，原来我在今年犯了这么多的错误，但您也给了我许多不幸作为惩罚，所以，我决定原谅您，同时我也真切地希望您能原谅我！"

这个故事告诉人们，在期待别人原谅自己的同时，必须要先真正做到去原谅别人。换句话说就是，原谅别人，也就是原谅自己。

有人曾说："生活就像一本书，只有自己去翻阅，才能真正读懂。"在实际生活中，每个人都会遇到很多自己无法预知的挫折和磨难，关键在于，你的内心能否如大海一样容得下"不能容"之事，是否真正承受得起生命之重？其实在很多时候，只要怀揣一颗善良的心，不计较别人的不足与过失，生活中就会少很多矛盾。

小曼在同事的眼里是个幸福的小女人，老公对她也是疼爱有加，夫妻俩都在事业单位上班，女儿也很乖巧，惹人喜欢。每次一家三口到户外散步的时候，总是引起路人的羡慕。

然而，不幸的是，小曼的老公因车祸不幸离开了人世，留下了年幼的女儿和年迈的公公婆婆由她一人抚养、照顾。小曼为老公的离去伤心欲绝，整整躺了3个月，靠着每天输液才使生命得以维持。

由于小曼想让女儿有一个好的未来，所以，她振作起来，离开了伤心之地，独自到另一个城市工作。

几个月过后，小曼因为无法忍受女儿整天在电话里哭闹，只好又回到原来的地方上班。但令她意想不到的是，公公婆婆拿走了家里的所有财产，包括房产证、金银首饰、丈夫生前的存折。为此，小曼并未深究："老公已经不在了，我还要那些东西做什么呢？"

就这样，她梳理好心态以后，照常上班、下班，照顾孩子，侍奉公婆。后来，她的公公因突发疾病住院，为了给公公看病，小曼到处向人借钱，内心无一点儿怨言。

就在小曼的公公出院回家的那天，她的婆婆将房产证等都拿了出来，交到小曼的手上，流着泪说："好孩子，妈妈真是错怪你了！"而小曼却淡淡地说："这件事我根本就没有记在心上，照顾您是我应该做的，放心吧，我此生会将你们当作我的亲生父母来侍奉的。"

2

在生活中，千万不可斤斤计较，应该学会原谅别人犯下的过错。其实，生活中也有不少爱较真的人，只要别人做了与自己利益相冲突的事情，就寸土不让地"战斗"到底，将自己扮成一位"怨妇"，久而久之，一颗自私的心就会更加自私，一副没有温情的面孔就会更加冷漠。

说到底，不管是社会关系还是家庭关系，在很多时候，人与人之间缺少了非常必要的沟通，只要沟通及时，双方相互间的理解自然就会深一些，宽容也会多一些。要知道，"人心都是肉长的"，如果你以宽广的胸怀谅解别人，或者在关键时刻给了别人一个"台阶"，那么，别人自然会看到你为人的那份真诚和热情，也就会在心里留下感恩的印记。

总之，在过往的岁月中，不可能有人从未犯过错误，或遭受过苦难。假设每个人都如同那位智者一样，每年给自己记上具有不同内涵的两份账单，积极地去原谅别人，这样一来，也就原谅了自己，心灵也会很快脱离地狱般的煎熬。

3

　　在古代，人们如果想杀掉一头熊，就会将一根沉重的木头吊在一碗蜂蜜的上方，熊想吃蜂蜜时，就必须将这根木头推开，但这样一来，木头就会荡回来撞到熊，而熊一旦被激怒，就会更加用劲地将木头推开，而木头会更猛烈地撞击它，周而复始，这头熊很快就会被撞死。

　　这个故事蕴含了一个道理，人活一世，不能像被激怒的熊那样整天生活在愤怒和怨恨中。当你碰到不顺心的事情时，应迅速将一切怨念扔到垃圾桶里，活在当下，如若不然只能是苦了自己。

　　曾经有人问苏格拉底："苏格拉底先生，你是否听说过——"

　　"等等，朋友，"苏格拉底打断了对方的话，"你是否能确定，你要告诉我的话全部都是真的？"

　　"不能，我仅仅是听人说而已。"

　　"原来是这样，那我就没有必要听下去了，除非那是一件好事。我问你，这件事是否是好事情呢？"

　　"是坏事情！"

　　"这样一来，我就没有知道这件事情的必要了，这样至少还可以避免伤害他人。"

　　"那倒也不是——"

"如果是这样，那么好啦！"苏格拉底最后说道，"我们都尽快忘却这件事情吧！人生中有那么多有价值的事情，我们真的没有时间来听这既不真又不好，并且大可不必知道的事情。"

在人和人相处的过程中，发生矛盾和磕碰是很正常的，自然也会有一些令自己不满的事情发生。比如，你努力工作了很多年，却每个月依然领那点微薄的工资；当你因并非自己的过错而受到他人批评的时候，心生抱怨。可以说，大小矛盾在生活中是无处不在的，所以，自己被人误解，生活中受到委屈，心灵受到伤害，就成了常见之事，无论怎样，都要学会独自默默承受，清除一切怨念，学会遗忘，快乐地活在当下。

著名作家列夫·托尔斯泰曾经说过这样一句话："生命的唯一目的是要变得更好。"实际上，这位作家眼里的"更好"不仅指一些外在的美好和物质的富有，更是在强调应回归到人的内心深处——一个沉静的角落，用心细细地感受生活中的美好。

伤人的话总出自温柔的嘴

每当你大发脾气的时候，就应该给自己一个安静的环境，想一想，坏脾气究竟会害了谁？可以肯定地说，既伤害了别人，也伤害了自己。所以说，应该远离愤怒、远离嫉妒、远离坏脾气，让积极的念头掌控自己的行为。

1

有一个小男孩，很任性，他一天到晚在家里发脾气，常常摔坏家里的瓶瓶罐罐。

一天，这个小男孩的父亲将儿子叫到后院的篱笆旁边，说："儿子，从今以后，你一旦跟家里人闹脾气，发一次脾气就在篱笆上钉一个钉子。一段时间过后，你再去看看你发了多少次脾气，这样如何？"小男孩心想："我才不怕呢，那就试试看吧！"

就这样，小男孩每发一次脾气，就自己往篱笆上钉一个钉子。一周过去了，父亲把他叫到后院，他走到篱笆边一看，惊讶地说："哇，好多钉子！"顿时，他心里有些惭愧。

父亲对他说："从今天起，你每做到一整天不发一次脾气，你就从篱笆上拔下一颗钉子。"小男孩回答道："好！"就这样，为了拔除篱笆上的钉子，小男孩就刻意地克制自己不去发脾气。

在最开始的时候，小男孩觉得自己很难做到，但是等到他把篱笆上所有的钉子都拔光了的时候，他顿时感到自己学会了如何克制自己。于是，他开心地找到父亲说："爸爸，我拔光了篱笆上的所有钉子，我再也不会乱发脾气了。"

小男孩的父亲跟着儿子来到了篱笆旁边，意味深长地说："儿子，你看，你虽然拔光了篱笆上的所有钉子，然而那些洞却永远都消失不了，其实，你每向你的亲人、朋友发一次脾气，就等同于钉了一个钉子到他们的心上，尽管你能做到事后向他们道歉，但是那个洞却一直存在。"

2

伤人的话永远出自温柔的嘴。

也许自己无意间脱口而出的一句刺耳、尖刻的话，就可能会刺伤他人的内心，使对方感到无比的痛苦。更重要的是，伤害别人的同时，这个痕迹也深深地刻在了自己的心上。

无论做任何事，如果你以愤怒作为起点，那必定会以耻辱告终。也就是说，如果一个人不能很好地克制自己的坏情绪，那么胜利很快就会从自己身边溜走，自己也会很容易被他人打败。人要学会克制自己的愤怒，只有学会控制自己的情绪，才能掌控自己的人生。

伍德赫尔是美国钞票公司的总经理，对于制怒，他有一套自己的有效方法。

他年轻时，在一家公司任职，但是他的职位并不高。对于这一点，他心里非常不满意，因为别人并不怎么重视他，自己升迁的机会也较少。伍德赫尔对此感到越来越愤怒，可怕的是，这种情绪还在不断蔓延，以至于到了他认为非离开这个公司不可的地步。

后来，他计划离职，于是他用红墨水将公司领导们的缺点全部罗列在一张单子上，随后将其拿给自己的一位老朋友看。

这位老朋友看完以后，让伍德赫尔用拿来的另一种颜色的墨水——黑色墨水将这些人的优点也全部罗列在这张单子上，以及将自己的才能和10年以后的具体目标都写出来。

当伍德赫尔对比了这张单子上两种颜色的字以后，顿时，他的愤怒神奇地消减了许多。因为他冷静地看清了所有事实，最后他决定——要继续留在这家公司。

每当提及这件事的时候，伍德赫尔总会说："此后，无论我遇到什么样的事情，心里有多么愤怒，我都会克制一下自己，坐下来将我所要说而不敢直说的话都写下来。每当写完以后，我就会如释重负。逐渐地，我身边的同事都认为我具有一种很强的自制能力。不仅如此，我还总是劝告他们，一定要学会控制自己的愤怒，而不要做情绪的俘虏。这种因为克制而生出的理性，才是我们真实自我的体现。否则，我们就会被情绪打败，到头来也只能迷茫于处处和我们作对的世界了。"

3

不难发现，在现实生活中，也有不少人，特别是年轻人，每当遇到让自己感到不满的事情，就会有不满情绪，对待不满情绪不是去克制，而是任由其越来越浓，进而演化为愤怒。不用说，这样一来，不但自己一肚子怒气，连同周围的人也必然生出不悦，使彼此的关系变得紧张起来。倘若每个人都具备了伍德赫尔"善于克制自己"的能力，就会避免很多不必要的麻烦。

当然，每个人都是凡人，在愤怒激发的时候，也很容易放纵自己的内心，从而将理智丢掉。而实际上在每个人的灵魂和肉体里，都蕴藏着一种主宰自我的力量，那就是克制力。其实在很多时候，有的人淡定自如地面对工作和生活，而有的人却整天焦躁不安，根本区别就在于是否被情绪所左右。

一旦被外界事物所激怒，就应该仔细分析自己在其中所产生的影响，多反省、多检讨自己。否则，就很容易被这种愤怒所牵制，从而摧毁在人际关系中建立起来的城堡，也只有控制住愤怒，将自己的克制力逼出来，才能有成就事业、完善自我的希望。

其实，每个人都不愿意看到他人和自己的心灵上被"钉"得千疮百孔，所以每个人都应该谨言慎行，注意自己的一言一行、一举一动，并且，最重要的是，学会控制好自己的坏脾气，因为诸多危害，均是坏脾气惹的祸。

第 七 章

弯路，也可以是一条捷径

如果高速公路过于平坦笔直，司机就容易产生精神疲劳，从而引发交通事故。也就是说，路太直了，潜在的危险就会增加。

人生之路也像一条长长的公路，年轻人总会在"走路"过程中得到长辈们的劝诫，常听他们语重心长地说："我过的桥比你走的路还多，听我们的，你会少走许多弯路。"

成长的道路看似被长辈安排得很完美，可没有自己的尝试，没有亲自追逐过，又怎能确定人生的方向，又如何尽尝人生的滋味呢？

我愿意全程保持站着的姿势

马化腾在参加首届"广东省全国名牌颁奖典礼暨百年粤商·时空对话论坛"时发表"宣言"："坐票太安逸了，这会让人失去斗志、失去激情，我愿意全程站着，保持站着的姿势！"

生活中，有很多人生活优游，陶醉于安逸之中，逐渐变得懒惰。他们觉得努力工作并非当前的主要任务，因为生活已经足够好了，没有必要有更大的志向。这种心态是取得更大成就的最大障碍，归根结底，是安逸的生活毁了他们的未来。

1

安瑞姆进入公司后，觉得工作已经有了保障，便选择安逸地去生活，工作不思进取。无疑，他成为了公司里业绩最差的销售员。当公司里传出裁员的消息时，几乎所有人都认定安瑞姆肯定会成为第一个被裁掉的员工。

安瑞姆带着沉重的脚步往家的方向走去，默默地想："我真的会被裁掉吗？如果真的没有了这份工作，那么我的妻子与孩子吃什么呢？那样的生活太恐怖了，不，我绝对不能被裁掉！"而后，安瑞姆仔细分析了自己业绩最差的原因，终于揪出了"安逸"这个最大的敌人。他坚定地告诉自己："我要相信自己，一定不会失去这份工作，过去的安逸让我失去了斗志，而现在我要重新将斗志点燃！"

他剪了一个利落的新发型，精神百倍地投入到工作中。他的销售业绩逐渐提高，用行动回应了裁员的传言。一年后，他在公司的业绩竟然从最后一名跻身到前几名。两年后，他成为了销售部门业绩最佳的销售员。

年度大会上，董事长让安瑞姆讲讲自己成功的秘密，安瑞姆说："我的改变要归功于那个裁员的传言，当时，我意识到自己已经陷入了困境，我特别害怕，于是下决心改变。就是那个危机，让我成就了今天的自己。"

2

孟子说："生于忧患，死于安乐。"对于在工作上享受安乐的人们，有一句话说得好："今天工作不努力，明天努力找工作。"

心理学家指出，每个人的潜能都是无限的，是"安逸"阻碍了人们潜能的发挥。人本身有很多缺点，安逸的生活让这些缺点肆无忌惮地表现出来。当衣食无忧时，就不想奋斗了，懒惰开始滋生；当没有生活的压力时，就不愿思考，脑力就会变得迟钝。

安逸是人们最大的敌人，没有危机就会迎来杀机。一个人要想保持斗志，就要不断给自己压力，让自己从安逸的状态中走出来。

　　在很多人眼中，彼得·巴菲特作为"股神之子"，他的人生起点和普通人不同，没有谋生的压力，更加容易专注于自己的梦想。然而，彼得却并不这么认为，因为他放弃了安逸的生活，选择了一条自己从头奋斗的道路。

　　他说："我离开大学校园后，我也必须去谋生，比如我要为电台的商业广告谱曲。职业生涯刚开始时，我只有很小一笔钱。那时，我必须想尽办法过一种完全独立的生活，不仅要还房贷，还有音乐设备等贷款要还，不过我认为这是人生必经的历练。"

　　他的父亲也不打算把巨额财产留给他，这使得他也保持了自己的斗志，他说："如果'富二代'不理解自己的幸运所在，也不想因此而回报这个世界，那么这对他个人和世界而言，都是一种悲哀。同样，如果'富二代'只关注外在的幸福，比如高档车、豪宅、巨额财富，他将无法理解真正的自我价值所在，也无法以有意义的方式，给世界留下光辉的一笔。"

　　最后，彼得·巴菲特通过自己的努力，成为一名音乐人。他曾为奥斯卡获奖影片《与狼共舞》配插曲，后来又争取到为电视连续短剧《500国家》配乐的机会，并因此获得了艾美奖。

　　安逸让人丧失斗志，没有危机意识是最大的危机。很多人都拥有梦想，然而，在实现梦想的时候，先为自己想好了退路，好像这个梦想实现不实现都可以，认为自己还有别的路，这种是心态注定无法取得成功的。走出安逸，切断自己的退路，才能逼自己的潜能发挥出来。一鼓作气，最终才能走向成功。

3

越来越多的年轻人为了梦想而离家远行，北上南下寻找人生方向，于是有了"北漂""港漂"。每一个漂泊者，都有自己的故事，或许充满荣光，或许饱含辛酸，或许平平淡淡。但无论结局如何，他们都很少后悔自己的选择。

与其天天宅在家里打游戏、上网、聊天，或者守着一份撑不着、饿不死的工作享受安逸，不如趁年轻出去闯一闯。人生最痛苦的就是后悔当年不曾为了梦想而勇敢地闯荡，最遗憾的就是不曾为了未来而注满热血，放手一搏。年轻，最需要的就是一个人过一段沉默而执拗的日子，沉浸在充满力量的奋斗和努力中。对年轻来说，磨砺才叫生活。

很多人都喜欢讨论比尔·盖茨、乔布斯等一干人的成功之道，抛开技术层面和营销层面不谈，从本质上说，他们都是"不安分"的人，都曾趁着年轻出来闯荡社会，只因为他们想给这个世界带来点儿新的东西，才会在尚未兴盛的互联网领域做出巨大贡献。两个人连大学都没上完就敢于创业，有多少人能做到这一点？一个循规蹈矩、安分守己的人，绝对不会为冒险付出任何代价。

众所周知，风险与机遇并存，机遇与风险同在。年轻时，如果总是怕失败、怕风浪，宅在家里，永远也不会碰见机遇。闻名世界的石油大王洛克菲勒就是在风险中抓住机遇的。

有人说："趁着年轻出去闯一闯吧，世界上最悲惨的事情莫过于年轻人总安于现状地宅在家里不思进取。"满足于平庸生活的人是可悲的，当一个人满足于现有的生活时，他已经开始退步了。

敢于闯荡的人总会发现一些新的东西，或者说创造一些新的东西，并且总能想到别人想不到的地方，敢为天下先，这是成功的必要精神。

宅在家里的生活可能会很舒适，舒适的诱惑和面对困难的恐惧确实打败了不少人，但年轻就是用来闯荡的，用青春去享福，是一种罪过，因为老了的时候，再想去闯，就心有余而力不足了。

多走一段弯路，就多看一段风景

正如喝惯了苦咖啡的人，会主动要求品尝并从中获得乐趣一样，品惯了人生中的苦味的人，也能够从中品尝出无上的快乐。每个人都希望自己的人生一帆风顺，但这样的人生轨迹并不存在，弯路走得多了，放开心态，也能在弯路上多看一段风景。

1

蓉蓉很特别，有很多优点，会弹钢琴，唱歌也好听。可是优秀的她高考却失利了。每个人都以为她能够考上复旦大学，但是她的分数只能够上一个小地方的医学本科。

她曾一度非常沮丧，但她从来没有抱怨过生活，始终从自己身边的人和事上看到和学习美好的东西。

后来，她去医院实习，给断了骨头的病人上石膏，还给做开腔手术的大夫当助手。再后来，她考上了法律专业，一切从零开始。

她从不讨厌自己眼下的工作，但是她有更大的梦想和更高的目标。蓉蓉法律专业读得很顺利，可她却从律师事务所辞职去黑龙江支教去了。她热爱自由而内心踏实的生活，虽然没有走上所谓的成功之路，但她并不后悔。

再后来，蓉蓉又去了加拿大留学，学习关于教育和非营利公益组织的管理方面的知识。很多人都认为她走了很多弯路，她却对别人说："我走的不是弯路，而是多看了一段风景。"

生活的强者，只关乎心灵。塞涅卡曾说："没有谁比从未遇到过不幸的人更加不幸，因为他从未有机会检验自己的能力。"如何检验自己的能力呢？走一段弯路。在弯路上，总会处于得到与失去的交替状态，在渴求与放弃的转换间，经历着痛苦，同时也感受着快乐。

2

世人都说走弯路很苦，其实苦难的另一面是一种恩赐，因为伴随苦难而来的往往是一种超乎常人的坚强与不屈，而这种精神才是人生在世最为宝贵的财富。

洛克在经历了破产的遭遇后，深切体会到生活的冷酷无情，他心灰意懒，萌生了结束生命的想法。

洛克回到了承载他童年美好时光的乡间小镇，也许这里才是离上帝最近的地方。洛克很想质问上帝，为何偏偏选中他来承受命运的捉弄？

走累了的洛克在一片瓜地旁边小憩，正是丰收的时节，空气里充盈着香甜的味道。好客的瓜农看到风尘仆仆的洛克，豪爽地请他品尝地里的瓜。

瓜农开始喋喋不休地对洛克讲述，前几年收成如何不好，总是遇到天灾虫患，甚至突如其来的一场霜冻，让即将收获的成果毁于一旦，一年的辛勤劳作全都白费了。

洛克感到有些意外，他脱口而出："收成不好你怎么活下去，赚不到钱耕种还有什么意义？"

憨厚的瓜农笑着说："再怎么艰难不都照样挺过来了，你看，这不是丰收了吗？而且，正是之前的歉收，才让这次丰收显得更有意义。"看着这个心事重重的年轻人，瓜农意味深长地继续说道，"所有的经历都是有意义的，只要你没有放弃继续依靠自己的双手。"

一席话似一阵风吹走了洛克心头的灰尘，让他顿时醍醐灌顶。洛克驱车返回，决定重新再来。5年后他的公司遍及全球，他成了行业内呼风唤雨的人物。而走过的弯路，也成了他人生中最美的回忆。

3

走弯路并不可怕，可怕的是纠结的内心迟迟不肯让它过渡。也许你曾暗暗许愿："希望人生之路能够坦荡无阻，希望得到细心、体贴的关怀，希望一切烦恼和痛苦都远离自己。"然而，愿望没有实现，你仍然在红尘中挣扎，生命中那些源于精神的痛苦时时折磨着内心，让人不愿意面对，却又无法逃避。

人生路上，有很多风景，对此，或许无心欣赏，或者根本就错过了，这是一种深深的遗憾。当为了接近一个目的，遭遇了困难甚至付出了代价后，是否还能满心欢喜地回忆起沿途的景致？如果能，那就是智慧的。

其实，弯路比起星光大道更有意思。且不去说那不寻常的风景，就说脚下的路，因为有了曲折，反而可以考验注意力和脚力，把这作为人生旅途的一次磨砺，不是很好吗？

面对生活中的弯路，你需要"想得开"。想得开是天堂，想不开是地狱。选择自己的职业，选择自己的人生轨迹，都是出于向阳的心态，但是，职业做了几年，可能发现选错了；走了几年路，发现路是弯的。然而，回头看看，真的白白浪费了光阴吗？

终有一天，站在人生的下一个站台回望，所有曾经承受的委屈和压力都将释然，终会发现，正是那些走过的弯路，让我们学到了如何应对人生，如何面对挫折，如何发挥潜能、全力以赴。走过弯路后，才会发现，是弯路让人生拥有了更多的可能性。

走运和倒霉，往往都是相通的

季羡林说："走运有大小之别，倒霉也有大小之别，而二者往往是相通的。走的运越大，则倒的霉也越大，二者之间成正比。"中国有一句俗话说："爬得越高，跌得越重。"了解了这一番道理之后，就要头脑清醒，正确理解"祸福"的辩证关系。

1

在一场船难中，唯一的幸存者随着潮水漂流到一座无人岛上。

他每天祈祷，愿老天保佑他早日离开此处，回到家乡。他还每天注视着海上有没有会搭救他的人，但眼前除了汪洋一片，什么也没有。

后来，他决定用那些随他漂到小岛的木头造一间简陋的木屋，先在这险恶的环境中生存下来。小屋终于艰难地搭成了。可是有一天，当他外出捉鱼回到小屋时，突然发现小屋竟已被熊熊烈火包围，大火引起的浓烟不断地向天上蹿。他所有赖以生存的东西，都在这一瞬间通通化为乌有。

"天啊！你怎么可以这样对待我！"他愤怒地对着天空呐喊，眼泪也止不住地流下来。

第二天一早，他被鸣笛声吵醒。"干什么啊，还让不让人睡觉？"他睁开眼，拿掉盖在身上的棕榈叶，睡眼惺忪地坐了起来，本能地朝大海上望去。

"船？"他看到一艘正在接近海岸的大船，"不会！一定是我太想看到船了，所以才产生了幻觉。唉……"他叹了口气，又躺了下来。

"嘟——嘟——"巨大的鸣笛声震得他的耳膜嗡嗡响。

"有汽笛声，好像真的有船？！"想罢，他一下坐了起来，高呼着，"真的有船！真的有船！"

他得救了。

到了船上，他问那些船员："你们怎么知道我在这里？"

"我们看到了你发的信号啊。"

"信号？"

"那些浓烟，不是你弄的吗？"

当陷于困境，或是失去心爱的东西时，人们便会沮丧。不过，有时失去却意味着另一种获得，失去后反而可以发现还有其他美好的事物，也因为失去才使获得和存在更让人珍惜。

下次，当唯一的"小木屋"着火时，不必忙着悲伤、绝望，把它当成好运即将来临的一个"信号"吧。上帝为你关上了一扇门，必定会为你打开一扇窗。

2

从前有一位国王，他非常喜欢打猎。在一次追捕猎物时，他不幸弄断了一节食指。剧痛之余，国王立刻召来"智慧大臣"——一位公认的智者，征询他对意外断指的看法。

智慧大臣听完国王的抱怨，轻松自在地说："这也许是一件好事呢！陛下，您应该多往积极的方面想想啊。"

"积极？我这节手指断得很好，是吧？"国王以为智慧大臣是在幸灾乐祸，随即命侍卫将他关进了监狱。

待断指伤口愈合之后，国王再一次兴冲冲地带众大臣四处打猎去了。不料，这次国王的运气更差，他们被丛林中的野人活捉了。

依照野人的惯例，必须将活捉的这队人马的首领献祭给他们的天神。祭奠仪式刚刚开始，巫师发现国王断了一节食指，按他们部族的律例，献祭不完整的祭品给天神是会受天谴的。野人连忙将国王解下祭坛，驱逐他离开，而抓了另外一位大臣献祭。

国王狼狈地回到朝中，庆幸大难不死。国王忽然想起智慧大臣曾说，断指是一件好事，便立刻将他从牢中放了出来，并当面向他道歉。

智慧大臣还是保持着他一贯的积极态度，笑着原谅了国王说："这一切都是好事啊。"

国王质问智慧大臣："说我断指是好事，如今我能接受；但若说因我误会你而将你关在牢中受苦，这也是好事？"

智慧大臣微笑着回答："臣在牢中，当然是好事，陛下不妨想想，如果臣不在牢中，那么，今天陪陛下打猎的大臣会是谁呢？"

生活就像一个圆，当失去某些东西的时候，这个圆就缺了一点儿，便不完整了，但慢慢地，这个缺失的部分，总会有新的东西来填补完整。

圆满，固然美好；但没有失去，怎么会知道珍惜呢？

3

塞翁失马焉知非福，艾科卡失去了福特公司的工作，结果艾科卡使克莱斯勒汽车起死回生，并且因《反败为胜》一书而声名大噪。三阳公司的总经理张国安在毫无心理准备的情况下，突然被免去总经理职务。离开后，张国安设立了丰群集团，迎来了人生事业的第二个春天。

有时候，正是失去了身外之物，反而得到充实丰盈的人生，懂得人生的真谛。

杨慎是嘉靖皇帝时期内阁大学士杨廷和之子，是当时有名的才子。但因仪礼事件，他为嘉靖皇帝所厌恶，受廷杖之后，被谪戍至云南永昌卫。本来美好的人生、坦荡的仕途就这样中断了。

在刚开始的岁月中，杨慎有过哀怨、慨叹、愤恨不平。但是，日子一天天过去，他的心态反而慢慢平和下来，寄情于山水，有了充足的时间读书、画画、写诗。时光流逝，大好河山终不在，唯有杨慎的《临江仙》却永远留在了人间。

在大多数人的眼里，福就是福，祸就是祸。面对福时就感到欢愉，面对祸时就感到烦恼，其实不然。正所谓"祸兮福之所倚，福兮祸之所伏"。福和祸，本是一对双胞胎，谁也离不开谁。因此，对待人生的起伏变化，得与失也应当顺其自然，不因为走好运有福气就沾沾自喜，也不因为灾祸或霉运就垂头丧气，毕竟境遇总是在不断转化的。

相信只要在得失祸福中有过大起大落的人都会了解，一个人为外部环境的变化所牵绊得太多就会失去生活的真谛，忘记自己原本需要怎样的生活，因此想要获得幸福，首先就要拥有一个平和的心态，懂得祸福相依的道理。

执着与固执只有一步之遥

执着是优点，固执则是缺点，怎样才能在最终得到"执着"的雅号，而非"固执"的恶谥呢？

1

施乐公司是复印机的发明者，复印机的发明让其获得了高额的利润。当时，施乐公司生产的复印机又大又贵，一般的公司根本就买不起，他们只能到专门的复印公司里去复印文件，而这些复印公司的复印机又是从施乐公司租赁来的。

以施乐公司的实力，完全有能力将复印机做得更小更便宜，何况他们自己的研发部门就有很多成熟可靠的小型复印机技术，但施乐公司为了不让自己的巨额利润流失，故意放弃使用这些新型技术。

结果，日本的佳能利用施乐过期的专利技术，很快生产出物美价廉的小型复印机，中小企业纷纷购买小型复印机，结果佳能昂首崛起。

学会变通是做人的一大准则，如果你做事不知道变通，一意孤行，只会导致品尝失败的苦果。

学会为人处世的变通之道不是"空头支票"，而是决定你能否从人群中挺立起来的关键；反之，凡不知为人处世的变通之道者，一定会在许多重要时刻碰得头破血流，陷入失败之境。

2

柯达公司是胶卷技术方面的佼佼者，曾经以色彩清晰明亮的胶卷冲印技术独霸全球。在中国，柯达公司可以说是独步天下，把竞争对手富士远远地甩在后面。就是在这样一个大好局面之下，柯达也像施乐一样，犯了同样的低级错误，那就是忽视数字影像技术是未来影像技术的主流这样一个事实。

柯达公司是世界上第一个发明数字影像技术的厂家，但为了不放弃胶卷利润，他们把自己发明的数字影像技术锁进了保险柜，结果被富士、索尼、佳能和奥林巴斯等企业抓住机会，利用柯达对数字影像技术的疏忽和未来技术潮流的淡漠，迎头赶上并瓜分市场，最后这个曾经叱咤风云、不可一世的公司迎来了破产的命运。

而那些被柯达公司放弃了的技术，有些小公司仅仅是利用了其中的一小部分，就变成了声名显赫的专业公司。

企业是由人掌握的，老板的固执导致了企业的失败。

记载商鞅思想言论的《商君书》中有一段内容是这样说的：聪明的人创造法度，而愚昧的人受法度的制裁；贤人改革礼制，而庸人受礼制的约束。是的，圣人创造"规矩"，开创未来，常人遵从"规矩"，重复历史。

为什么孔子是圣人，而他的三千弟子不是？道理就在于思想是否解放，是否敢于创新，敢于自主、实事求是地思考并分析问题。

许多成功人士一生不败，关键就在于用绝了为人处世的变通之道，进退之时，俯仰之间，都技高一筹，让左右暗自佩服，以之为师。学会变通，是做人做事之诀窍。尤其是当你身处困境时，灵活变通的能力能为你带来成功的机会。

3

种子落在土里长成树苗后最好不要轻易移动，否则很难成活。人则不同，人有脑子，遇到了问题可以灵活地处理，前面已经是悬崖了，难道你还要跳下去吗？不要被经验束缚了思想，要冲出习惯性思维的樊篱。执着很重要，但盲目的固执是不可取的。

美国保险巨头法兰克·毕吉尔在其事业发展过程中，首次遭遇到的发展瓶颈，是他所从事的保险业绩——虽付出几倍汗水和努力，但提升效果并不明显。为此，他非常苦恼，经常一个人反复思索，寻找破解的办法。

几经辗转，他发现这样一个"怪现象"：在他一年所卖的保险中，有70%是第一次见面成交的，有23%是第二次见面成交的，只有7%是第三次见面以后才成交的。而实际上花费在7%业务上的时间，几乎占用了他所有工作时间的一半以上。

这个发现引起他深深的思索，如果把第三次见面的时间用于开展新业务，那样一来，效果又会怎样？

于是，他果断采取新的推销策略，即放弃第三次见面那7%的利益，不再为它的诱惑所动。这样他就可以腾出大量时间用于新业务的拓展。这样一来，他的业务开始蒸蒸日上，很快开辟了新的工作领域，成为保险业的巨头。

电影《卧虎藏龙》里有这样一句很经典的话："把手握紧，里面什么也没有；把手松开，你拥有的是一切。"只有懂得放弃，才能在有限的生命里活得充实、饱满、旺盛。

事实上，在发展道路上，有些人就是什么都不想舍弃，这样做的结果往往是效率降低，所得利益变少。其实，有的时候，有意识、有计划地舍弃一些东西，可能会获取更大的利益。鲁迅先生放弃医学，而成为一代文豪；钱学森博士放弃美国优厚的待遇，而成为中国航天事业的奠基者……很多成功的人都懂得放弃的艺术，像比尔·盖茨，像李彦宏……每一次的放弃不是抛出，而是解放能升值的资本。

其实他们的目标始终没变，要成功，要震撼这个世界。后退是为了更好地前进，放弃是为了曲线救国，无论做什么，让优秀成为一种习惯，让每一步都接近优秀。

当发现所从事的事业已经价值不在，或者正在走向衰落，或者价值虽在但你并不适合的时候，就应当果断放弃，而不应真的等到1000次摔倒之后再回头，因为，那表现的不是执着，而是固执。

执着是一种很好的品质，但过了就会变成固执。无论是做人，还是做事，都要学会变通。因为，只有变通才会找到方法，才会获得一条捷径。变通，就是以改变自己为途径，从而通向成功。哲学家说："你改变不了过去，但你可以改变现在；你想要改变环境，就必须改变自己。"

当你吃亏时，你在做什么

在每个人的一生中，难免会遇到"吃亏"的事情，或是上当受骗，或是遭人愚弄，但是俗话说：吃一堑，长一智。吃过亏的人都能够变得越来越精明，这是"吃亏是福"的另一种很好的解释。

"风雨后见彩虹。"每个人都要感谢那些让自己吃亏的事情和给自己亏吃的人，是他们让我们不断地成长、成熟。但更关键的是要把所吃的亏及时地转化为成功的动力。

1

一位优秀的播音员突然被老板开除，他据理力争，也没有挽回局面。他无精打采地回到家里，妻子看出了他的沮丧。于是就问怎么了，播音员说明了原委，妻子一听，高兴地说："亲爱的，你终于有了自立门户的机会！你为什么还不高兴呢？"

"吃一堑，长一智"，重点是要运用自己吃亏后所明白的道理，在以后的日子里不犯同样的错误。在最短的时间内减少自己的损失、减轻负担，这才是能吃亏又会吃亏的境界。

《战国策》中有这样一个故事：

战国时期，楚国有一个大臣，名叫庄辛，有一天他对楚襄王说："你在宫里面的时候，左边是州侯，右边是夏侯；出去的时候，鄢陵君和寿陵君又总是跟随着你。一味地过着毫无节制的生活，不管国家大事，郢都（在今湖北省江陵县北）一定会有危险！"襄王听了，很不高兴，生气地骂道："你老糊涂了吗？故意说这些险恶的话惑乱人心吗？"

庄辛不慌不忙地回答："我实在感觉事情一定要到这个地步的，不敢故意说楚国有什么不幸，如果你一直宠信这四个人，楚国一定要灭亡的。你既然不信我的话，请允许我到赵国躲一躲，看事情究竟会怎样。"庄辛到赵国才五个月，秦国果然派兵侵楚，襄王被迫流亡到城阳（今河南息县西北）。

此时，襄王意识到自己的过错，立刻派人率骑士到赵国请回庄辛。庄辛到了城阳以后，楚襄王对他说："寡人当初不听先生的话，如今事情发展到这地步，这事可怎么办呢？"

庄辛回答说："臣知道一句俗语，'见到兔子以后再放出猎犬去追并不算晚，羊丢掉以后再去修补也不算迟。'"楚襄王听从了庄辛这番话，封他为阳陵君，不久庄辛帮助楚王收复了淮北的土地。

对于庄辛的劝谏，开始楚襄王根本听不进去，吃了不小的亏，但是襄王比较明智，最终诚心接纳了庄辛的意见，可以说是一个能够正确对待吃亏的人。因为挽救得及时，所以避免了更大的祸事。

你要感谢"吃亏"，因为很多事只有在吃亏以后才知道怎么做是对的；也要感谢伤害，因为受过伤后的心，不仅会变得坚强，而且会更加敏锐。

2

有一位年轻人，在他28岁那年就被任命为银行总裁。

一日，他与股东会议主席也就是前任总裁谈话，他说："如您所指，我才被指定担任总裁职务，这真是一个艰巨的任务。我希望您能根据自己多年的经验给我一些建议。"年长的前任总裁看着坐在自己面前的新总裁，很快以6个字作为回答："做正确的决定。"

年轻的总裁期望得到更详细的回答，他说："您的建议对我很有帮助，我非常感激。但是您能否说得详细一点儿？如何做出正确的决定呢？"

这个充满智慧的老人回答："经验。"

新总裁思索了一下，问："我该如何获得这些宝贵的经验呢？"

老人笑着回以简洁的话语说："错误的决定。"

每个人都是要犯错误的，因此，"会吃亏"在这里比"能吃亏"更加重要。可是犯下错误不知道改正就是不可原谅的。

亡羊补牢，为时未晚。谁都有疏忽大意的时候，谁都犯过错误，第一次的吃亏并不可怕，关键是要面对错误、吸取教训，才是以后取得成功最有效的途径和最有力的保障。

会吃亏的人不在乎一次小小的亏，而非常重视以后所发生的更大的祸事。他们会吸取教训、积极行动，以改变未来的命运。这是"吃亏是福"的另一种含义，也是聪明的人对人生的一种睿智的解读。

3

如果有人总是说你的坏话，那么你还会愿意帮助他吗？大多数人都会回答："不会。"的确，谁愿意帮助一个总是诋毁自己的人呢？但是有人却愿意，他不是神经病，也不是傻子，而是一个比精明人还要精明的生意人。

在山姆创业起步初上轨道的时候，有一个几十年的老朋友来投靠他。山姆很愿意为自己的老朋友分一杯羹。无奈这个朋友的为人和能力都难以适应他的公司，山姆不得不委婉地告诉了这位朋友。

于是，矛盾产生了。

这个朋友到处说山姆的不是。山姆知道后，不但没有生气，反而从自己80万的资产中拿出50万给这位朋友，并且认真地帮他选了一个项目，成立了一家公司，让他的朋友自己去运作。

山姆的朋友得了便宜后反倒更张扬了，更是逢人便说山姆的坏话，竟然没有一点儿感激。

山姆当然也听到了朋友的讽刺之言，但他一点儿也不恼，而是会心地笑了。他说："我知道他的个性是一定会这样做的，我就是要他这样做。"

虽然朋友一再诋毁山姆，但是，时间长了，人们都了解了山姆的个性，自然会从另外一个侧面来看待这件事情。果然，不出几个月，山姆的义名便在本地传开了。于是合作者越来越多，政府也在不断扶持，不少高端人才登门加盟，资产也扩大了好几倍。最终，山姆得到了外界的认可，赢得了良好的信誉，他的企业迅速地壮大起来。

也许你会说山姆过于狡诈，但仔细看一下就会明白，他是在以退为进，如果对手胸怀坦荡、心地善良，那么这个故事就得改写了。正是因为对手大多贪婪、自私、逐利，才给了故事主角成功的机会。

错在谁呢？就是人性的弱点。

由此可见，吃亏是福，绝不是一句空谈。一个能吃亏的人，必然不会利欲熏心，也自然不会落入类似的圈套。

能吃亏的人比较隐忍，会吃亏的人则有大智慧。

第八章

想要得到幸福，就要换个角度看幸福

　　有人说幸福其实很简单，构成它的要素，不是宏大的愿望，也不是纷繁的生活，而是生活中的一些平常事。比如饭菜可口，父母健康。而有的人则说，这样的生活太平淡，没有激情，所以幸福也不会持久。

　　但是，必须要明白，天下本没有持久的幸福，就如同没有持续的激情一样。所以，想要得到幸福，首先就要换个角度来看待幸福——将它看成一条珠链，由大大小小瞬间的快乐连接而成——每一颗珠子都很简单，但也很重要。

幸福就是这么简单

人活一辈子都在忙些什么呢？各种回答最后大概都可以归结为追求幸福。其实，仔细想想，不难发现，那些幸福的人都是身心自由的人。贫穷也好、富裕也好，他们都能努力找到一种适合自己的生活方式，然后抛开烦恼，自由自在地活着。

1

在小撒三年级期末时，老师留了一项作业，要他们当小记者访问爸爸。共有6个问题，有一大半是资料性的内容：在哪里工作，从事哪一方面的工作等。其中第五题是："爸爸的梦想是什么？怎么实现？"

爸爸说："我有三个愿望，第一个愿望是吃得下饭；第二个愿望是睡得着觉；第三个愿望是笑得出来。"

小撒看了看爸爸，说："别人的爸爸都有着伟大的愿望，当科学家、航天员什么的。你的愿望，每天都在实现啊！"

爸爸说："要不然你照我的话写完之后，再写一篇《我眼中的爸爸》附在后面，让老师了解这不是你随便写的，而是你爸爸的本性就是如此。"

小撤觉得有道理，于是很快地写了一篇没分段的作文。

第二天，爸爸问儿子，老师怎么说？

儿子害羞地说："老师上课时叫我到前面，说我的访问和作文完成得非常好，给我98分，是全班最高的，比班上的模范生还高，还把我的作文念给全班同学听。"

"那她有没有说为什么？"

"她说她先生的工作最近不太顺利，已经有好几天睡不着觉了，也只吃得下一点食物。还说爸爸的三个愿望很有意思。"

其实，幸福没有多高的要求，吃得下饭、睡得着觉、笑得出来的人，就是幸福的。

2

没有必要羡慕别人的生活，其实生活都是一样的，你所看到的别人的生活并不一定就比你的生活幸福。叔本华说："人们很少会想到他们拥有些什么，但是，却常常想到比别人少了些什么。"

上帝拿出两个苹果，让一位男子挑选。该男子权衡再三，最终下定决心，选了他最满意的一个。而当上帝将苹果放在他的手里，转身离去的时候，男子却突然反悔了，他想将手中的苹果调换成另一个。正当他准备朝上帝跑去时，上帝不见了。此后，男子的一生都在耿耿于怀中度过。

于是，上帝叹道："人啊，总是期待那些未到手的，而不好好珍惜手中所有，这样怎么可能获得幸福呢！"

生活中常常为之困扰的、感到不安的，往往并不是自己的生活，而是别人的生活。

曾有一对因逃难而失散多年后才重逢的孪生兄弟，个性活泼的哥哥在饥寒交迫下跑到寺院里当了和尚，个性安静的弟弟则在机缘巧合下娶妻生子。相遇之后，兄弟俩越来越过得不快乐：哥哥美慕弟弟娶妻生子，享尽家庭温馨；弟弟羡慕哥哥皈依佛门，远离尘世纷扰。

一天，兄弟俩相约在半山腰的小凉亭闲谈。之后遭遇了山崩，两人慌乱之中躲进一个小山洞，才幸免于难。半夜，哥哥怕弟弟着凉，脱下僧衣给弟弟盖上；清晨，弟弟感激哥哥的照顾，脱下上衣给哥哥盖上。

几天后，已经处于昏迷状态的兄弟俩获救了。但哥哥被送回了弟弟家，弟弟被送回了寺院。于是，他们将错就错，开始体验自己向往已久的生活。哥哥为了衣食拼命干活，累得半死也无法解决一家温饱，丝毫享受不到家庭生活的温馨；弟弟为了准时撞钟、习早课，和衣而卧，经常彻夜不眠，半点感受不到出家生活的悠闲。

最后，兄弟俩在疲惫不堪之下重新回到了自己的生活中，他们这才发觉，其实他们根本就没必要羡慕对方的生活。

3

幸福不是完美或永恒，它只是内心对生命、生活的感受和领悟。幸福很简单，它不仅留存于他人给自己的关爱与恩惠中，同样也积存在自己的爱心与真诚里；幸福很简单，简单得在它来到你身边的时候，或许你根本没有察觉。

想要得到幸福与快乐，其实很简单。少一些欲望与杂念，多一份淡泊与从容，人生就会变得靓丽起来。

生活简单就是幸福，并不意味着要放弃对目标的追逐，而是在忙碌中短暂停歇，这是身心的恢复和调整，是下一步冲刺的前奏，是以饱满的热情和旺盛的精力去投入新的"战斗"的一个"驿站"；生活简单就是幸福，并不意味着要放弃对生活的热爱，而是于点滴中去积累人生，在平平淡淡中去寻求充实和快乐。

放下沉重的负累，敞开明丽的心扉，去过好你的每一天。问问自己，你吃得下饭么？睡得着觉么？笑得出来么？如果你吃得下饭、睡得着觉、笑得出来，那你还有什么好悲伤的呢？

没有谁值得你羡慕嫉妒恨

人们总喜欢羡慕别人，却忽略了自己所拥有的。很多人总是渴望获得那些本不属于自己的东西，而对自己拥有的却不加以珍惜。

1

一个富人生活过得非常开心，他常常开着车子或坐飞机到处与人谈生意，生活虽忙碌，但充实、富足，因此富人很有成就感。但是，他所满意的生活却被一家茶水店的店主给打破了。

这位茶水店店主过得也非常开心，他的生活内容主要就是烧水、倒茶、招待顾客、与顾客交谈。虽然简单清贫，但却自得其乐。然而，自从遇到这个富人，这位快乐的茶水店主就开始有了烦恼。

一天，两人在茶水店相遇了。因为时间还早，茶水店内还没有客人，店主就趴在桌子上打瞌睡。富人有些口渴，就走进了店里，看到茶水店的简陋与店主的清贫，富人感到很吃惊，便跟店主交谈起来。

富人先讲了自己灯红酒绿的生活，讲他怎样快乐地挣钱，又快乐地将钱大把地花掉。富人说，过着这样的生活，他才感到自己是在享受人生。

茶水店店主越听越着迷，也说起了自己的生活，虽然不是什么大富大贵，但也安宁而快乐，因为自己不与人争，也就没有得失的烦扰。

富人也被茶水店店主悠闲的生活方式吸引住了，离开茶水店后，富人一直在想，尽管自己有钱，却没有茶水店店主的惬意自在。想到最后，他感觉自己太可悲了，因为自己从来没有过过一天像茶水店店主那样悠闲自在的日子！

而茶水店店主在富人离开后也一直在想着富人的生活，他想自己每天守着这个清贫的茶水店，不但没赚到钱，而且还浪费了生命，自己真是白活了。想到最后，他开始盼望自己也能够过上富人的那种富足的生活。

于是两个人找到了上帝，求上帝帮忙，上帝笑着说："这还不容易，我给你们换一换不就行了？"

于是，茶水店店主变成了富人，每天去和不同的合作伙伴谈生意、喝酒。富人则坐在了悠闲的茶水店里。结果没过几天，两个人又吵吵嚷嚷地来到了上帝面前。富人说，他实在受不了茶水店里的冷清和贫乏。茶水店店主则说他受不了富人生活里的虚情假意和酒精气味。

上帝哈哈大笑，说："你们原本在各自的位置上生活得好好的，却向往别人的生活，现在知道了吧，其实别人的生活也不过如此。"

是的，生活其实就像脚底穿的那双鞋子一样，要选择什么样的鞋码，首先要问问自己的那双脚，而不是看别人穿的是什么样的鞋码，不是吗？

2

杨薇是个漂亮、高挑的女孩，有一份体面的工作，有个收入不多却对她宽容宠爱的老公。在很多人眼里，她无疑是个幸运的姑娘。

作为普通家庭出身的姑娘，杨薇所拥有的这些是令人羡慕的。只是很少人知道，杨薇有着并不愉快的童年。在童年的记忆中，母亲总是面色凝重、语气严厉，责怪杨薇不好好用功读书，抱怨杨薇不如院子里的另一个小姑娘聪明伶俐。

大多数时间，杨薇总是畏缩在墙角，不解地看着母亲，内心也抱怨着那个母亲口中的小姑娘。在很长一段时间内，杨薇的内心是自卑而胆怯的，不敢在众人面前大声说话。

这样的心理伴随了杨薇很多年，直到离开母亲，独自在异地求学，她才渐渐地找到了人生的自信。后来，老公的爱和宽容给了她更多的自信和勇气，使她慢慢蜕变成了一位面若桃花、坚强独立的现代女性。

白莹是杨薇的大学好友。毕业后直接嫁了个富二代，过着少奶奶的日子。有空的时候，她总会约杨薇一起吃饭、逛街，在豪华的商场里挥金如土。最初杨薇面对着白莹的阔绰，只是淡淡一笑。时间久了，杨薇的内心发生了变化，她开始羡慕起白莹少奶奶般的生活，抱怨老公的收入一般。

有一段时间，和白莹欢聚过后回到家的杨薇，开始对老公有了诸多抱怨，抱怨老公在事业上的不思进取，抱怨老公不懂浪漫，平静的日子里多了些许的矛盾和摩擦。也不知道从何时起，相爱的两个人回家以后开始以沉默面对彼此，仿佛是同住一栋房子里的陌生人。

直到有一天，满身伤痕的白莹哭着跑去杨薇家，杨薇才知道，原来白莹的婚姻生活中有如此多的不和谐。老公虽有钱，却花心，甚至有家庭暴力，白莹在婚姻生活中总是忍受着独守空房的孤独和寂寞。

听到白莹的哭诉，杨薇坐在沙发上，看着在厨房里为她俩忙碌准备晚餐的老公，想着这段时间，老公对自己依旧不变的照顾和宽容，想着童年那个在墙角畏缩着的自己，杨薇释然了。原来现在的自己一直是如此的幸福，拥有着虽平淡却踏实且独一无二的幸福。

3

世界上没有完全相同的两个人，不同的人对人生与生活的理解也会有所不同。因此，没有谁可以取代谁，也没有一种生活会适合所有人。对每个人来说，生活都是人生中最重要的一部分，你想要什么样的生活，而什么样的生活又最适合你，这样的问题才是至关重要的。弄清楚了这些，然后朝着那个方向不断地去努力，才能实现自己的人生理想。

人能来到这个世界，感受着这个世界上所发生的一切，诸如花的盛开、草的萌生、天的晴朗、月的皎洁，已是人生的一种幸福。每个人所感受到的都是自己独一无二的幸福。幸福无法攀比、无法复制，幸福只是那样或深或浅地存在于你的心里，在某一刻荡漾在你的胸怀，然后化作你脸上那弯弯的嘴角。

原谅自己，对自己别太无情

日本哲学家西田几多郎有一首诗："人是人，我是我，然而我有我要走的道路。"是啊，每个人都有自己的生活目标和生活方式，如果不能选择自己喜爱的生活方式，走自己想走的路，而是处处要看别人的脸色行事，无疑是在为别人而活，这样的活法又有什么意义呢？一个人如果凡事都想讨得别人的欢心，那他就会慢慢沦落为一个心理乞丐。

1

夏天人心里为什么会感觉烦闷？因为燥热，越热心越不能平静，虽然人的体温基本保持在37℃左右，但由于心不静，外在环境给人的影响就占了上风。俗话说，心静自然凉。真正静下来，外在的影响消失了，才能找回真实的自我。

一个人的心处于绝对安静状态时，便可以从容思考各种难题，从容应对多方杂务。可是，现实生活中，却有许多事让人静不下心来。对金钱、地位的追逐，工作上的不如意，心理的不平衡，别人的闲言碎语等，无时无刻不在影响着心情，左右着行动。

2

有这么一个故事。

白云守端禅师因为一个机缘，跟杨岐方会禅师学道。有一天，杨岐禅师问白云："据说你的授业师父柴陵郁摔了一跤悟了道，并且还作了一首诗偈，你还记得吗？"

"记得，记得。"白云答道，"那首诗偈是：'我有明珠一颗，久被尘劳关锁；今朝尘尽光生，照破山河万朵。'"

杨岐一听，大笑数声，一言不发地走了。白云怔在当场，不知道师父为什么笑，并为此愁烦不已，整天都在思索师父的笑，却怎么也找不出他大笑的原因。那天晚上，白云辗转反侧，怎么也睡不着，第二天实在忍不住了，大清早便去问师父为什么笑。杨岐禅师笑得更开心了，对着因失眠而眼眶发黑的白云说："原来你还比不上一个小丑，小丑不怕人笑，你却怕人笑。"

白云听了，豁然开朗。是啊，只要自己没有错误，笑又何妨呢？

一个人将生活的焦点和生命的重心放在别人的眼光、脸色和喜恶上，千方百计强忍住自己，迎合别人，是非常愚蠢的。千人千性、众口难调，你不可能满足所有人的要求，即使能，也只能扭曲自己，最终失去自己，失去自己的生活乐趣和生命价值。

所以，人最要紧的不是在意别人怎么看你，而是要考虑自己的路该怎么走，怎么走才能走得更好。千万不要用别人的思维来要求自己、对待社会，若是因为旁人埋怨自己、怨天尤人、敌对别人、仇视社会，只能上了他们的当，中了别人的圈套。

环顾周围的世界，你会十分明显地感到，要想使每个人都对自己满意，这是十分困难而且不大可能的。实际上，如果有50%的人对你感到满意，这就算一件令人愉悦的事情了。要知道，在你周围，至少有一半人会对你说的一半以上的话提出不同意见。比如，在西方的很多次政治竞选上，即使获胜者的选票占多数，但也还是有40%之多的人投了反对票。因此，对一般的人来讲，不管你什么时候提出什么意见，有50%的人可能提出反对意见，这是一件十分正常的事情。

当你认识到这一点之后，你就可以从另一个角度来看待他人的反对意见了。当别人对你的话提出异议时，你也不会再因此而感到情绪消沉，苛责别人或者为了赢得他人的赞许而即刻改变自己的观点。相反，你会意识到自己刚巧碰到了属于与你意见不一致的50%中的一个人。只要认识到你的每一种情感、每一个观点、每一句话或每一件事都会遇到反对意见，那么你就不会轻易改变自己的立场了。

3

《庄子》里有一段颇具哲理的故事。

子祀和子舆是一对非常要好的朋友。有一天，子舆突发疾病，作为好朋友，子祀前去探望。两人见面交谈时，子舆并没有指天骂地，相反，他还站在镜子面前，调侃自己说："神奇的造物主啊，竟让我变成了驼背！背上还生了5个疮，因为过于伛偻我的面颊快低伏到肚脐上了。两肩也高高地耸起，比头顶还高，你看，我的脖颈骨竟朝天凸起！"

子舆是因为感染了阴阳不调的邪气，所以才变成他所说的那副怪模样。

子祀有些担心地问："你是不是厌恶这种病？"

子舆说："不，我不厌恶，我为什么要厌恶这种病？如果我的左臂变成一只鸡，那我便用它报晓；如果我的右臂变成弹弓，那我便用它去打斑鸠烤野味吃；如果我的尾椎骨变成车，那我的精神就变成马，这样我就可以四处遨游，无须另备马车了。得是时机，失是顺应，如果人能安于时机并能顺应变化，那无论是喜是悲都不能侵犯心神，这就是所谓的'解脱'。如果人不能自我解脱，就会被外物所奴役束缚。物不能胜天，这是事实，当我不能改变它时，我为什么不学会接纳它呢？"

这则故事，真是道尽了生活的智慧。

人必须接纳生活，"安于时机并能顺应变化"才能更好地生活，才能让心神不受侵犯。子舆看到自己丑陋的外表，非但没有怨天尤人，反而幽默地调侃自己，甚至对自己欣赏起来。所以说，人唯有接纳生活、接纳自己，感情和理智才不矛盾，才不会心生烦恼。

在一个不大的小镇上，住着一名退伍军人。他少了一条腿，只能拄着一根拐杖走路。一天，他一跛一跛地走过镇上的马路，过往的人都带着同情的语气说："你看这个可怜的家伙，他是不是应该向上帝祈求再有一条腿？"退伍军人听到了人们的窃窃私语，便转过身对他们说："我不是要向上帝祈求再有一条腿，而是要祈求上帝帮助我，让我失去一条腿后，也知道该如何把日子过下去。"

人生最大的痛苦莫过于跟自己过不去，一个人生活得幸福与否，完全取决于自己对待生活的态度。当你不能接纳生活、接纳自己时，你就会感觉生活就是无边的苦海，人生就是煎熬。相反，如果你能保持良好的心态，接纳现实的生活和自己，你就会发现生活中的每一天都充满了阳光！

正如印度的哲学家奥修所说："学习如何原谅自己。不要太无情，不要反对自己，那么你会像一朵花，在开放的过程中，将吸引别的花朵。"

你的产品就是你自己

站在老板的立场思考的员工，具有极强的任务意识，而且还具有强烈的使命感，可以从公司的角度，发现公司需要怎样的员工，进而使自己变得对于公司、上司不可或缺、无可替代。这样的你不仅对公司来说更有价值，而且能获得公司和个人的双赢，这才是优秀员工应有的表现。

1

5年前，甲和乙是大学同学，毕业后一起到南方，通过招聘会到了一家计算机软件公司，负责某种办公软件的设计开发。

这个公司规模不大，是连老板在内的七八个人临时组建的，属于国家允许注册该类公司中最小的一种，执照上写得清清楚楚："注册资金10万元。"

可是他们进去后才知道，连这10万元可能都有水分，仅从当时的办公条件就可以判断，一间废弃的地下室，阴暗、霉臭、潮湿，天一下雨，天花板上凝聚而成的水滴便源源不断地往下掉，电脑上都要罩着厚厚的报纸，连个厕所也没有。

尽管环境如此恶劣，但值得欣慰的是，他们的产品市场前景看起来很好，可资金的瓶颈随时可能将美好的梦想扼杀于萌芽状态。最要命的是，产品没有品牌，只好赊销，迟迟收不回货款，资金储备少，公司连员工的工资都无法按时发放。由此可见，这样的公司与那些实力雄厚的公司很难竞争。

三个月后，乙动摇了，劝同学甲也一起辞职，乙说："有的是好公司，干吗在一棵树上吊死？老板连他自己都无法自保，哪里还有股份给你？"

公司的老板比他们大不了几岁，看上去完全是一副书生模样，态度很诚恳。谁不知道创业的艰辛，老板也是迫不得已。甲过生日的时候，老板在自己的家里为他过，亲自下厨，说了很多抱歉的话，想起这些，甲也就不忍心走了。

甲最终咬咬牙决定留下来与老板一起创业。几年后，经过市场风雨的磨砺，他们公司的产品终于在市场上打开了销路，获得了成功。

2

王晓到宝洁公司应聘部门经理，公司总经理告诉他要试用三个月，然后就把他安排到商店做普通的销售员。起初王晓很不理解，自己有很好的学历背景，又有一定的工作经验，总经理凭什么让自己从基层干起呢？但随即王晓又转换了想法，他从老板的角度考虑，如果自己一上来就被安排在管理者的位置，在不了解公司的情况下，很有可能担不了大任，这对老板来说，可能就是更大的损失了。

于是，王晓安下心来从最简单、最基本的工作做起，全面了解公司，熟悉各种业务，他在销售岗位做得很出色，取得了不小的业绩。三个月试用期满，总经理将他叫到办公室，通知他已经通过了公司对他的考验，可以正式就任部门经理了。

在王晓出任部门经理的半年中，他带领部门积极配合总经理的工作，紧跟公司的发展策略，取得了辉煌的业绩，为公司的发展作出了巨大贡献，深得总经理的青睐。一年之后，总经理调回本部，临走时他推荐王晓出任总经理一职。

作为公司的员工，从你一开始进入公司那一天起，你就需要像王晓一样，进行换位思考，理解公司和老板。这样，更有利于你站在老板的角度考虑问题，进而理解老板的工作方法与处理问题的方式。

当你试着待人如己，多替老板着想时，你的善意就会在无形中表达出来，从而感动和影响包括你的老板在内的周围的每一个人。你将因为这份善意而得到应有的回报。任何成功都是有原因的，不管什么事都能悉心替他人考虑，这就是你成功的原因。

3

国内一家知名企业的高管讲过这样一个故事。

主人公是这家公司在美国分公司的一位员工，是一位美国小伙子。

这个小伙子很强壮，也很有责任心。每次工作的时候，他都会在头天晚上把货装好，第二天早上5点就开始送货了。有一次，这个小伙子为公司送货，从圣地亚哥到洛杉矶一圈跑下来，一下子跑了将近1000千米，已经身困体乏。这个时候，他临时知道有个地方又要货，他车上正好有货，于是就又折回去多跑了200千米，等到他回公司的时候，整个人坐在那里瘫掉了，这位高管就问他："干吗这么累呢，你明天送不就行了吗？"

这位小伙子的回答让人很感动，他说："正好我离得也很近，客人要货也要得急。"最后他说了一句口头禅："只要对公司有好处！"

"只要对公司有好处！"这句话很简单，听上去并不是什么豪言壮语，却代表了一种很可贵的职业精神，即从公司角度而非个人角度来看问题。

"只要对公司有好处"应当成为每个人的工作准则。公司是大家集体的事业，而非个人的事业，因此，"只要对公司有好处"，这不仅仅是老板的立场，也应该是每个员工的立场。在公司中，每个人应当以公司为坐标给自己定位，主动去做公司需要的事。只要对公司好，就要努力去做。

经常会听到公司员工这样说：

"我这么辛苦，但收入却和我的付出不成比例，我努力工作还有必要吗？"

"这又不是我的公司，我这么辛苦是为了什么？"

"公司推行各式各样管理我们的政策，这表明公司根本就不信任我们。"

公司与员工经常会有冲突，员工常常感到公司没有给予自己公正的待遇，其实，产生这样的想法是因为你和公司所处的角度不同。公司的老板希望你比现在更努力地工作，更加为公司着想，甚至把公司当成自己的事业来奉献。而你站在员工个人的角度来考虑问题，自认为已经很努力了，工作占用了你大部分的精力和时间，公司却给了你不相称的待遇。

你可能感慨自己的付出与受到的肯定和获得的报酬并不成比例，但是你必须时刻提醒自己："你是在为自己做事，你的产品就是你自己。"

最好的东西都是免费的

也许你想成为太阳，可你却只是一颗星辰；也许你想成为大树，可你却只是一株小草；也许你想成为大河，可你却只是一泓山溪。于是，你很自卑，总以为命运在捉弄自己。

其实，平凡并不可卑，关键是必须扮演好自己的角色。

1

有个小男孩头戴球帽，手拿球棒与棒球，全副武装地走到自家后院。

"我是世上最伟大的击球手。"他自信地说完后，便将球往空中一扔，然后用力挥棒，却没打中。他毫不气馁，继续将球拾起，又往空中一扔，然后大喊一声："我是最厉害的击球手。"他再次挥棒，可惜仍是落空。

他愣了半晌，然后仔仔细细地将球棒与棒球检查了一番之后，他又试了一次，这次他仍告诉自己："我是最杰出的击球手。"然而他第三次的尝试还是挥棒落空。

"哇!"他突然跳了起来，"我真是一流的投手。"

男孩勇于尝试，能不断给自己打气、加油，充满信心，虽然仍是失败，但是，他并没有自暴自弃，没有任何抱怨，反而能从另一种角度"欣赏自己"。

生活中大多数人都习惯自怜自艾、自我批判，他们最常说的是："我身材难看!""我能力太差!""我总是做错事!"他们总是学不会像那个小男孩一样，换个角度欣赏自己，这都是由于自卑心理在作祟。自卑心理所造成的最大问题是，你总是在斤斤计较你的平凡，你总是在想方设法证明你的失败，每一天你都在为自己的想法找证据，结果越来越觉得自己平凡、渺小、处处不如他人。

虽然你是芸芸众生中的一员，是平凡的小人物，但是也有比别人美好的地方，所以，千万不要自贬身价。

平日里，人们只顾风尘满面地在尘世间奔波，步履匆匆，眼睛总是追随着别人的美好，一不小心就忘了欣赏自己。命运是公正无私的，它给谁的都不会太多，多欣赏自己，你就会发现生活是如此美好，生活是如此幸福。

2

很多人觉得自己拥有的东西很少，想要获得什么，又必须付出昂贵的代价，所以整天感叹"得不偿失"。其实，每个人能拥有的很多，并且，都是珍贵而且免费的！

空气，人生最重要、最珍贵的资源之一，一刻都离不开。一个人离开了空气，很快就会窒息而亡。地球上的每个人，每时每刻都在呼吸着空气，依靠空气中的氧气生存。但是，没有人为之付费。

阳光，与空气一样，也是人离不开的资源。如果没有阳光，人类和地球上的其他动物，还有大量的植物，都不会存在。事实上，每个人的一生都在直接、间接地享受阳光送来的温暖和能量，但是，没有谁为自己直接享受到的阳光付出一分钱。

不仅是空气和阳光，人生离不开的免费的好东西还有很多。

反过来看，这句话也可以这样理解，人生最重要的好东西几乎都是免费的，蓝天白云、青山绿水，还有和风细雨、皎皎雾月、璀璨群星、花香鸟语……数不胜数，你可以尽情欣赏、尽情享受。

精神方面同样如此。

亲情，是免费的。

人来到这个世界，从小到大，会受到父母的悉心呵护。父母对孩子的爱，无微不至。除此之外，爷爷奶奶、姥爷姥姥，还有其他亲人的爱，都饱含深情。亲情使得一个人的身心有依存和寄托，亲情使其享受到做人的快乐和幸福。而且，来自亲人的亲情，都是发自内心的，不求回报的，都是免费享受的。

爱情，是免费的。

真正的爱情，发自内心的纯洁的爱，是弥足珍贵的。而且，情不自禁的仰慕、发自内心的思念、心心相印的依恋、牵肠挂肚的惦念、甜甜蜜蜜的疼爱，还有坚实的依靠、忠实的倾听、无拘无束的哭笑、相濡以沫的搀扶，都是免费的，是不需要金钱的，也是金钱无法买到的。正是这样一份免费的爱，使得人们享受到生命中最灿烂的光芒。

友情，是免费的。

财富不是永远的朋友，朋友却是永远的财富。这份永远的财富所依托的真诚的友情，同样是免费的。想一想，让你开心的问候，让你暖心的祝福话语，让你踏实的有力支持，让你热泪盈眶的倾力相助，让你醒悟的真挚良言，哪一个不是免费的？

亲情、爱情、友情，为心灵提供最重要的精神营养，使人生有了快乐幸福的基础。这些好东西都是人生最需要的且离不开的资源，是最重要、最珍贵的资源。

感谢苍天，这些都是免费的，每个人都不需要花钱去购买就能拥有。

想一想，你免费拥有的、随时享受的这些珍贵的好东西，难道不比那些让你不满的压力、困难重要很多吗？

当你在为生存挣扎，勉强能应付开支时，你也不要感觉自己是一个失败者，这只是你选择通过学习某些重要课程来自我体验的方式，你会因这些经验而迅速成长。

3

或许你会发现，要活下去所需并不多，同时认识到自己并不像原来以为的那样，需要依赖许多东西才能生活。如果你总是为钱而发愁，那么你的创造力和清晰思考的能力就会受到阻碍。在能应付开支、满足基本需求的基础上，不对物质生活执着于太多，这会有助于你更快地找到感兴趣的事情。

如果你决定找一份暂时的工作，不要认为是牺牲了自己的理想。也许你会发现自己能够帮助他人，或者你结识的一个新朋友或学到的新技艺，对日后可能会有帮助。你现在还无法知道，这些可能会是你迈向人生事业的助力。

一份暂时的工作会带给你薪酬、新的技艺，甚至可能会带来你所需要的机会，让你得到更喜欢的工作。没有哪一种经验是无用的，即使一份普通工作也会让你有所收获。要确信这份工作不会耗光你所有的能量和时间，你要保留足够的能量和时间来启动你的更伟大的计划。

当你不知道维持生存的钱会从哪里来时，或者你不敢追随会帮助你改变目前处境的内心指引时，那你就需要处理自己的恐惧。发挥你的想象力，并且问自己："如果这个月我付不清账单，最坏的结果会是什么？"思考每一种结果，最终，你就会面对你最深的恐惧。当你认清它，你就会放下它。

不要因为司空见惯，就对自己享有的珍贵资源视而不见；不要因为平平常常，就对自己拥有的美好生活麻木不仁。当你郁闷、忧伤的时候，静下心来想一想，自己生活中免费享受到的重要又珍贵的好东西，与使你郁闷、忧伤的那些不如意相比，哪个更有价值？